반복집중학습 프로그램 **기탄영역별수학**
도형·측정편

영재 엄마, 땅 꺼지겠어요. 무슨 일 있어요?

우리 영재 때문에 걱정이 이만저만이 아니에요.

엄마, '각도' 부분에서 각도 어림하는 게 너무 어려워요.

수학이 싫어질 것 같아요.

이러고 있지 뭐예요.

그런 문제라면 걱정하지 않아도 돼요.

기탄교육에서 나온 **'기탄영역별수학 도형·측정편'**을 풀게 해 주세요.

모자라는 부분을 **'집중적'**으로 학습할 수 있어요.

빨리 사야겠네요.

수학과 교육과정에서 초등학교 수학 내용은 '수와 연산', '도형', '측정', '규칙성', '자료와 가능성'의 5개 영역으로 구성되는데, 우리가 이 교재에서 다룰 영역은 '도형·측정'입니다.

'도형' 영역에서는 평면도형과 입체도형의 개념, 구성요소, 성질과 공간감각을 다룹니다. 평면도형이나 입체도형의 개념과 성질에 대한 이해는 실생활 문제를 해결하는 데 기초가 되며, 수학의 다른 영역의 개념과 밀접하게 관련되어 있습니다. 또한 도형을 다루는 경험으로부터 비롯되는 공간감각은 수학적 소양을 기르는 데 도움이 됩니다.

'측정' 영역에서는 시간, 길이, 들이, 무게, 각도, 넓이, 부피 등 다양한 속성의 측정과 어림을 다룹니다. 우리 생활 주변의 측정 과정에서 경험하는 양의 비교, 측정, 어림은 수학 학습을 통해 길러야 할 중요한 기능이고, 이는 실생활이나 타 교과의 학습에서 유용하게 활용되며, 또한 측정을 통해 길러지는 양감은 수학적 소양을 기르는 데 도움이 됩니다.

이 책의 특징

1. 부족한 부분에 대한 집중 연습이 가능

도형·측정 영역은 직관적으로 쉽다고 느끼는 아이들도 있지만, 많은 아이들이 수·연산 영역에 비해 많이 어려워합니다.

길이, 무게, 넓이 등의 여러 속성을 비교하거나 어림해야 할 때는 섬세한 양감능력이 필요하고, 입체도형의 겉넓이나 부피를 구해야 할 때는 도형의 속성, 전개도의 이해는 물론 계산능력까지도 필요합니다. 도형을 돌리거나 뒤집는 대칭이동을 알아볼 때는 실제 해본 경험을 토대로 하여 형성된 추론능력이 필요하기도 합니다.

다른 여러 영역에 비해 도형·측정 영역은 이렇게 종합적이고 논리적인 사고와 직관력을 동시에 필요로 하기 때문에 문제 상황에 익숙해지기까지는 당황스러울 수밖에 없습니다. 하지만 절대 걱정할 필요가 없습니다.

기초부터 차근차근 쌓아 올라가야만 다른 단계로의 확장이 가능한 수·연산 등 다른 영역과 달리, 도형·측정 영역은 각각의 내용들이 독립성 있는 경우가 대부분이어서 부족한 부분만 집중 연습해도 충분히 그 부분의 완성도 있는 학습이 가능하기 때문입니다.

이번에 기탄에서 출시한 기탄영역별수학 도형·측정편으로 부족한 부분을 선택하여 집중적으로 연습해 보세요. 원하는 만큼 실력과 자신감이 쑥쑥 향상됩니다.

2. 학습 부담 없는 알맞은 분량

내게 부족한 부분을 선택해서 집중 연습하려고 할 때, 그 부분의 학습 분량이 너무 많으면 부담 때문에 시작하기조차 힘들 수 있습니다.

무조건 문제 수가 많은 것보다 학습의 흥미도를 떨어뜨리지 않는 범위 내에서 필요한 만큼 충분한 양일 때 학습효과가 가장 좋습니다.

기탄영역별수학 도형·측정편은 다루어야 할 내용을 세분화하여, 한 가지 내용에 대한 학습량도 권당 80쪽, 쪽당 문제 수도 3~8문제 정도로 여유 있게 배치하여 학습 부담을 줄이고 학습효과는 높였습니다.

학습자의 상태를 가장 많이 고민한 책, 기탄영역별수학 도형·측정편으로 미루어 두었던 수학에의 도전을 시작해 보세요.

이 책의 구성

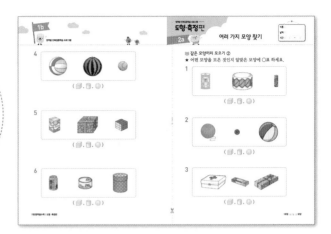

★ 본 학습

제목을 통해 이번 차시에서 학습해야 할
내용이 무엇인지 짚어 보고, 그것을 익히
기 위한 최적화된 연습문제를 반복해서
집중적으로 풀어 볼 수 있습니다.

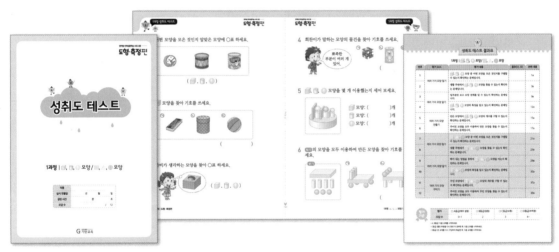

★ 성취도 테스트

성취도 테스트는 본문에서 집중 연습한 내용을 최종적으로 한번 더 확인해 보는 문제들로 구성되어 있습니다.
성취도 테스트를 풀어 본 후, 결과표에 내가 맞은 문제인지 틀린 문제인지 체크를 해가며 각각의 문항을 통해
성취해야 할 학습목표와 학습내용을 짚어 보고, 성취된 부분과 부족한 부분이 무엇인지 확인합니다.

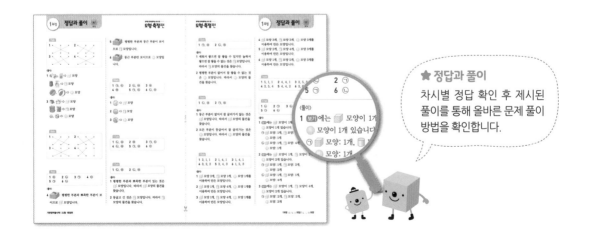

★ 정답과 풀이

차시별 정답 확인 후 제시된
풀이를 통해 올바른 문제 풀이
방법을 확인합니다.

기탄영역별수학
도형·측정편

시각과 시간 (1)

5
과정

기탄교육

차례
contents

시각과 시간(1)

영역별 반복집중학습 프로그램

도형·측정편

1a

몇 시 몇 분 알기

이름 :

날짜 :

시간 :　:　~　:

😄 몇 시 몇 분 읽기

★ 시각을 써 보세요.

1

☐ 시 ☐ 분

2

☐ 시 ☐ 분

3

☐ 시 ☐ 분

4

☐ 시 ☐ 분

5

☐ 시 ☐ 분

6

☐ 시 ☐ 분

7

◻ 시 ◻ 분

8

◻ 시 ◻ 분

9

◻ 시 ◻ 분

10

◻ 시 ◻ 분

11

◻ 시 ◻ 분

12

◻ 시 ◻ 분

몇 시 몇 분 알기

| 이름 : |
| 날짜 : |
| 시간 :   :   ~   : |

🐸 같은 시각끼리 잇기

★ 같은 시각을 나타내는 것끼리 이어 보세요.

1 **10:10** •

• ㉠

2 **2:35** •

• ㉡

3 **7:28** •

• ㉢

4 **4:41** •

• ㉣

★ 같은 시각을 나타내는 것끼리 이어 보세요.

5 5:25 •

• ㉠

6 8:17 •

• ㉡

7 11:50 •

• ㉢

8 6:03 •

• ㉣

영역별 반복집중학습 프로그램

도형·측정편

3a

이름 :

날짜 :

시간 :   :   ~   :

몇 시 몇 분 알기

🐸 시각에 맞게 시곗바늘 그려 넣기

★ 시각에 맞게 긴바늘을 그려 넣으세요.

1 3시 10분

2 6시 45분

3 7시 15분

4 9시 34분

5 12시 6분

6 2시 44분

5과정 시각과 시간 (1)

영역별 반복집중학습 프로그램

7 8시 35분

8 1시 52분

9 4시 24분

10 10시 55분

11 11시 20분

12 5시 13분

도형·측정편

4a

몇 시 몇 분 알기

🐸 디지털시계를 보고 시곗바늘 그려 넣기

★ 디지털시계를 보고 시각에 맞게 긴바늘을 그려 넣으세요.

1

2

3

12:50

4

6:21

5

2:16

6

9:42

7

5:08

8

3:25

9

11:40

10

8:39

11

10:54

12

4:10

여러 가지 방법으로 시각 읽기

이름 :

날짜 :

시간 :　:　~　:

🐸 시각을 2가지 방법으로 읽기 ①

★ 시각을 2가지 방법으로 써 보세요.

1

7 시 55 분

8 시 5 분 전

> 7시 55분에서 8시가 되려면 5분이 더 지나야 합니다. 따라서 7시 55분을 8시 5분 전 이라고도 합니다.

2

☐ 시 ☐ 분

☐ 시 ☐ 분 전

3

☐ 시 ☐ 분

☐ 시 ☐ 분 전

4

☐ 시 ☐ 분

☐ 시 ☐ 분 전

영역별 반복집중학습 프로그램

5

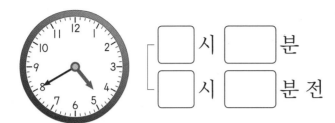

☐ 시 ☐ 분

☐ 시 ☐ 분 전

6

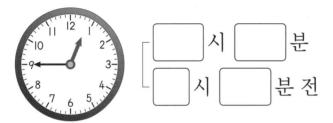

☐ 시 ☐ 분

☐ 시 ☐ 분 전

7

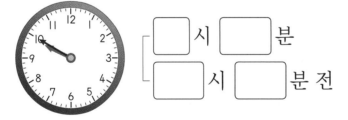

☐ 시 ☐ 분

☐ 시 ☐ 분 전

8

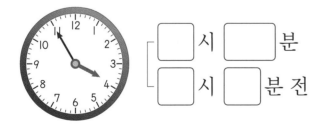

☐ 시 ☐ 분

☐ 시 ☐ 분 전

기탄영역별수학 | 도형·측정편

여러 가지 방법으로 시각 읽기

이름 :

날짜 :

시간 :　　:　　～　　:

🐸 시각을 2가지 방법으로 읽기 ②

★ 시각을 2가지 방법으로 써 보세요.

1

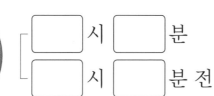

☐ 시 ☐ 분

☐ 시 ☐ 분 전

2

☐ 시 ☐ 분

☐ 시 ☐ 분 전

3

☐ 시 ☐ 분

☐ 시 ☐ 분 전

4

☐ 시 ☐ 분

☐ 시 ☐ 분 전

5

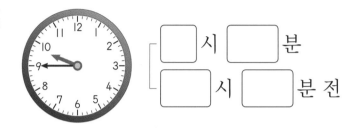

☐ 시 ☐ 분

☐ 시 ☐ 분 전

6

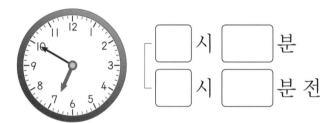

☐ 시 ☐ 분

☐ 시 ☐ 분 전

7

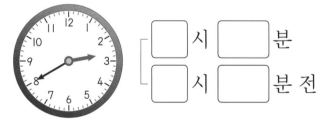

☐ 시 ☐ 분

☐ 시 ☐ 분 전

8

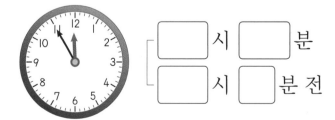

☐ 시 ☐ 분

☐ 시 ☐ 분 전

여러 가지 방법으로 시각 읽기

| 이름 : |
| 날짜 : |
| 시간 :   :   ~   : |

🐸 **같은 시각끼리 잇기 ①**

★ 같은 시각을 나타내는 것끼리 이어 보세요.

1  •

• ㉠   3시 5분 전

2  •

• ㉡   7시 20분 전

3  •

• ㉢   11시 15분 전

4  •

• ㉣   1시 10분 전

★ 같은 시각을 나타내는 것끼리 이어 보세요.

5  •

• ㉠ 6시 20분 전

6  •

• ㉡ 9시 10분 전

7  •

• ㉢ 10시 5분 전

8  •

• ㉣ 4시 15분 전

영역별 반복집중학습 프로그램

도형·측정편

8a

여러 가지 방법으로 시각 읽기

이름 :

날짜 :

시간 :   :   ~   :

🐸 같은 시각끼리 잇기 ②

★ 같은 시각을 나타내는 것끼리 이어 보세요.

1  •

• ㉠ 9시 15분 전

2 •

• ㉡ 4시 10분 전

3  •

• ㉢ 2시 5분 전

4 •

• ㉣ 12시 20분 전

★ 같은 시각을 나타내는 것끼리 이어 보세요.

5  •

• ㉠ 5시 14분 전

6  •

• ㉡ 8시 19분 전

7  •

• ㉢ 6시 1분 전

8  •

• ㉣ 1시 8분 전

여러 가지 방법으로 시각 읽기

🐸 몇 시 몇 분 전으로 읽기 ①

★ 시각을 써 보세요.

1

◻ 시 ◻ 분 전

2

◻ 시 ◻ 분 전

3

◻ 시 ◻ 분 전

4

◻ 시 ◻ 분 전

5

◻ 시 ◻ 분 전

6

◻ 시 ◻ 분 전

7

☐ 시 ☐ 분 전

8

☐ 시 ☐ 분 전

9

☐ 시 ☐ 분 전

10

☐ 시 ☐ 분 전

11

☐ 시 ☐ 분 전

12

☐ 시 ☐ 분 전

여러 가지 방법으로 시각 읽기

이름 :

날짜 :

시간 :   :   ~   :

🐸 몇 시 몇 분 전으로 읽기 ②

★ 시각을 써 보세요.

1

◻ 시 ◻ 분 전

2

◻ 시 ◻ 분 전

3

◻ 시 ◻ 분 전

4

◻ 시 ◻ 분 전

5

◻ 시 ◻ 분 전

6

◻ 시 ◻ 분 전

7

◻ 시 ◻ 분 전

8

◻ 시 ◻ 분 전

9

◻ 시 ◻ 분 전

10

◻ 시 ◻ 분 전

11

◻ 시 ◻ 분 전

12

◻ 시 ◻ 분 전

도형·측정편

11a

여러 가지 방법으로 시각 읽기

🐸 시각에 맞게 시곗바늘 그려 넣기 ①

★ 시각에 맞게 긴바늘을 그려 넣으세요.

1 | 시 5분 전

| 시 5분 전은 | 2시 55분이므로 긴바늘이 | |을 가리키도록 그립니다.

2 2시 20분 전

3 5시 | 5분 전

4 8시 | 0분 전

5 7시 20분 전

6 | 0시 5분 전

영역별 반복집중학습 프로그램

7 3시 10분 전

8 11시 15분 전

9 4시 20분 전

10 9시 5분 전

11 12시 15분 전

12 6시 10분 전

여러 가지 방법으로 시각 읽기

🐸 시각에 맞게 시곗바늘 그려 넣기 ②

★ 시각에 맞게 긴바늘을 그려 넣으세요.

1 9시 15분 전

2 2시 10분 전

3 7시 5분 전

4 1시 20분 전

5 11시 10분 전

6 4시 15분 전

영역별 반복집중학습 프로그램

7 3시 2분 전

8 8시 17분 전

9 10시 12분 전

10 12시 7분 전

11 5시 9분 전

12 6시 18분 전

I시간 알기

이름 :

날짜 :

시간 :   :   ~   :

🐸 **시간과 분의 관계 ①**

★ ☐ 안에 알맞은 수를 써넣으세요.

1 60분 = ☐ 시간

> 60분은
> I시간입니다.

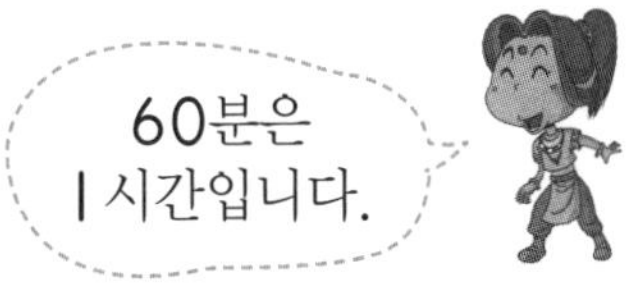

2 65분 = 60분 + 5분

= ☐ 시간 + 5분

= ☐ 시간 ☐ 분

3 80분 = ☐ 시간 ☐ 분

4 95분 = ☐ 시간 ☐ 분

5 110분 = ☐ 시간 ☐ 분

6 120분 = ☐ 시간

7 130분 = 60분 + 60분 + 10분

= ☐ 시간 + 10분

= ☐ 시간 ☐ 분

8 140분 = ☐ 시간 ☐ 분

9　Ⅰ시간=☐분

10　Ⅰ시간 Ⅰ0분=Ⅰ시간＋Ⅰ0분

　　　　＝☐분＋Ⅰ0분

　　　　＝☐분

11　Ⅰ시간 25분=☐분

12　Ⅰ시간 40분=☐분

13　Ⅰ시간 55분=☐분

14　2시간=☐분

15　2시간 5분=2시간＋5분

　　　　＝60분＋☐분＋5분

　　　　＝☐분

16　2시간 Ⅰ5분=☐분

|시간 알기

🐸 시간과 분의 관계 ②

★ ☐ 안에 알맞은 수를 써넣으세요.

1 |25분=☐시간 ☐분

2 70분=☐시간 ☐분

3 |35분=☐시간 ☐분

4 |00분=☐시간 ☐분

5 85분=☐시간 ☐분

6 ||5분=☐시간 ☐분

7 |50분=☐시간 ☐분

8 |05분=☐시간 ☐분

9　1시간 15분=□분

10　2시간 20분=□분

11　1시간 50분=□분

12　2시간 10분=□분

13　1시간 30분=□분

14　1시간 5분=□분

15　2시간 25분=□분

16　1시간 20분=□분

|시간 알기

🐸 걸린 시간 구하기 ①

★ 활동을 하는 데 걸린 시간을 시간 띠에 나타내어 구해 보세요.

1 민석이가 준비물을 챙기는 데 걸린 시간

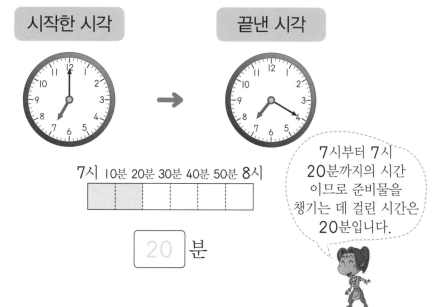

시작한 시각 → 끝낸 시각

7시 10분 20분 30분 40분 50분 8시

20 분

> 7시부터 7시 20분까지의 시간이므로 준비물을 챙기는 데 걸린 시간은 20분입니다.

2 은희가 숙제를 하는 데 걸린 시간

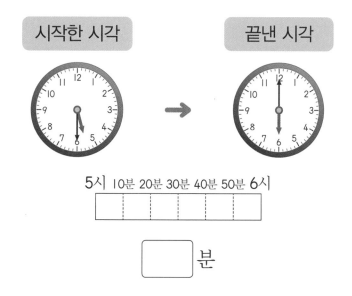

시작한 시각 → 끝낸 시각

5시 10분 20분 30분 40분 50분 6시

☐ 분

3 지현이가 버스를 타고 이동하는 데 걸린 시간

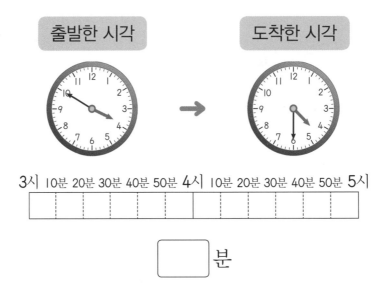

출발한 시각 → 도착한 시각

3시 10분 20분 30분 40분 50분 4시 10분 20분 30분 40분 50분 5시

[   ] 분

4 태선이가 운동을 하는 데 걸린 시간

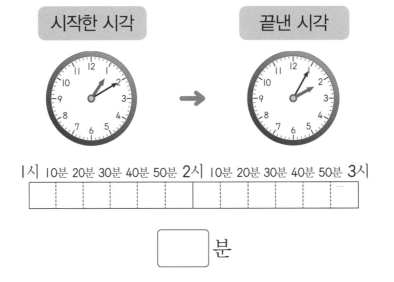

시작한 시각 → 끝낸 시각

1시 10분 20분 30분 40분 50분 2시 10분 20분 30분 40분 50분 3시

[   ] 분

| 시간 알기

이름 :

날짜 :

시간 :　：　～　：

🐸 걸린 시간 구하기 ②

★ 활동을 하는 데 걸린 시간을 시간 띠에 나타내어 구해 보세요.

1 아름이가 수영을 하는 데 걸린 시간

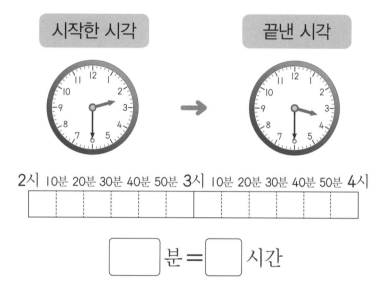

```
2시 10분 20분 30분 40분 50분 3시 10분 20분 30분 40분 50분 4시
```

$\boxed{}$ 분 = $\boxed{}$ 시간

2 승호가 그림을 그리는 데 걸린 시간

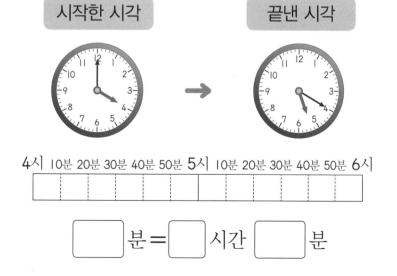

```
4시 10분 20분 30분 40분 50분 5시 10분 20분 30분 40분 50분 6시
```

$\boxed{}$ 분 = $\boxed{}$ 시간 $\boxed{}$ 분

3 우진이가 피아노를 연습하는 데 걸린 시간

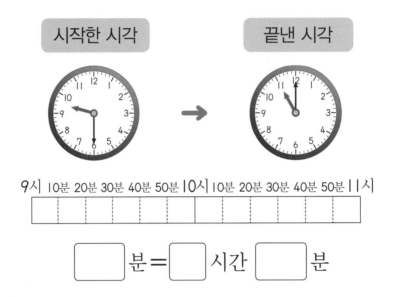

9시 10분 20분 30분 40분 50분 10시 10분 20분 30분 40분 50분 11시

☐ 분 = ☐ 시간 ☐ 분

4 소희가 영화를 보는 데 걸린 시간

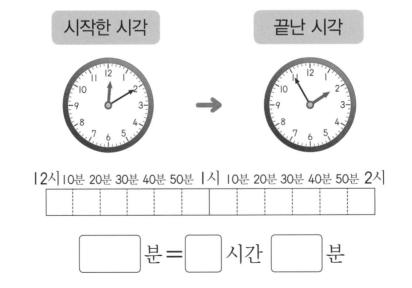

12시 10분 20분 30분 40분 50분 1시 10분 20분 30분 40분 50분 2시

☐ 분 = ☐ 시간 ☐ 분

도형·측정편

17a

|시간 알기

이름 :

날짜 :

시간 :　:　～　:

🐸 걸린 시간 구하기 ③

★ 걸린 시간을 구해 보세요.

1

시작한 시각		끝난 시각

☐ 분

2

시작한 시각		끝난 시각

☐ 분

3

시작한 시각		끝난 시각

☐ 분

4

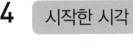시작한 시각 끝난 시각

□ 시간 □ 분

5

시작한 시각   끝난 시각

□ 시간 □ 분

6

시작한 시각   끝난 시각

□ 시간

| 시간 알기

🐸 걸린 시간 구하기 ④

★ 걸린 시간을 구해 보세요.

1

시작한 시각	끝난 시각

 →

☐ 분

2

시작한 시각	끝난 시각

☐ 분

3

시작한 시각	끝난 시각

☐ 분

영역별 반복집중학습 프로그램

4 시작한 시각 → 끝난 시각

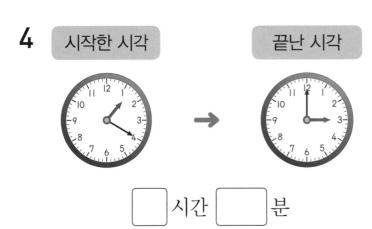

[ ] 시간 [ ] 분

5 시작한 시각 → 끝난 시각

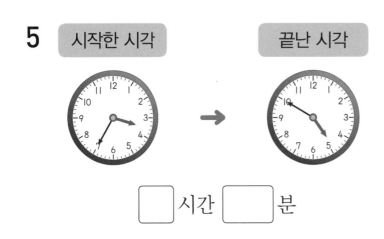

[ ] 시간 [ ] 분

6 시작한 시각 → 끝난 시각

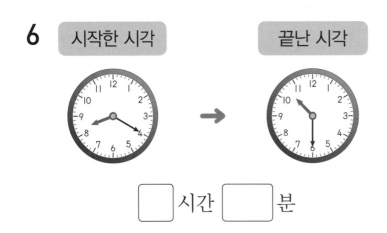

[ ] 시간 [ ] 분

영역별 반복집중학습 프로그램 ——
도형·측정편

19a

|시간 알기

이름 :
날짜 :
시간 :　 :　 ~ 　:

🐸 알맞은 시각 구하기 ①

★ 시간 띠를 이용하여 알맞은 시각을 구해 보세요.

1 다연이네 학교에서 |교시 수업이 끝나는 시각

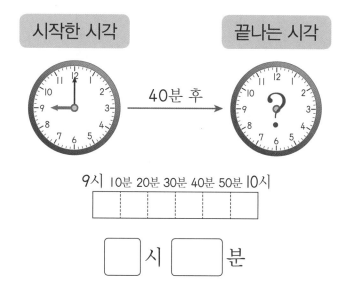

9시 |0분 20분 30분 40분 50분 |0시

☐ 시 ☐ 분

2 정호가 숙제를 끝낸 시각

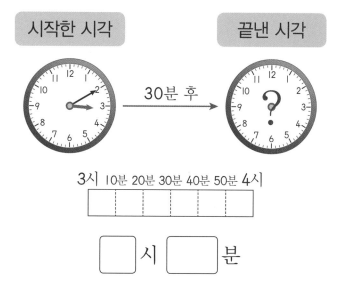

3시 |0분 20분 30분 40분 50분 4시

☐ 시 ☐ 분

3 공연이 끝난 시각

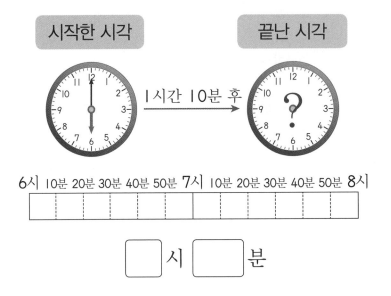

6시 10분 20분 30분 40분 50분 **7**시 10분 20분 30분 40분 50분 **8**시

◻시 ◻분

4 연수가 발레 연습을 끝낸 시각

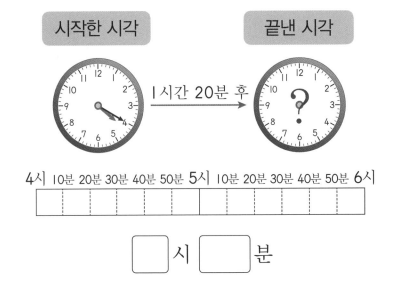

4시 10분 20분 30분 40분 50분 **5**시 10분 20분 30분 40분 50분 **6**시

◻시 ◻분

이름 :

날짜 :

시간 :   :   ~   :

| 시간 알기

🐸 **알맞은 시각 구하기 ②**

★ 끝난 시각을 구해 보세요.

1 시작한 시각   끝난 시각

20분 후

◻ 시 ◻ 분

2 시작한 시각   끝난 시각

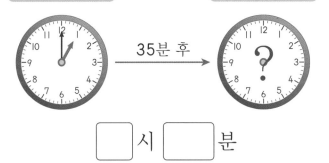

35분 후

◻ 시 ◻ 분

3 시작한 시각   끝난 시각

50분 후

◻ 시

4

시작한 시각   끝난 시각

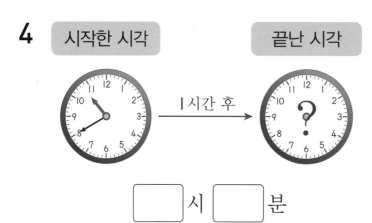

1시간 후

☐ 시 ☐ 분

5

시작한 시각   끝난 시각

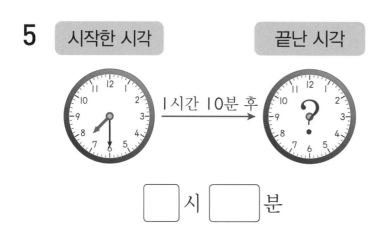

1시간 10분 후

☐ 시 ☐ 분

6

시작한 시각   끝난 시각

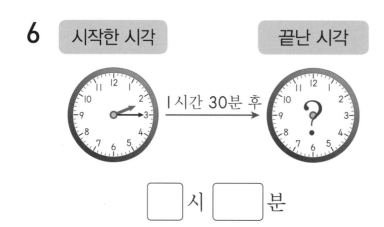

1시간 30분 후

☐ 시 ☐ 분

|시간 알기

🐸 **알맞은 시각 구하기 ③**

★ 시간 띠를 이용하여 알맞은 시각을 구해 보세요.

1 준기가 청소를 시작한 시각

7시 10분 20분 30분 40분 50분 8시

☐ 시 ☐ 분

2 도영이가 일기를 쓰기 시작한 시각

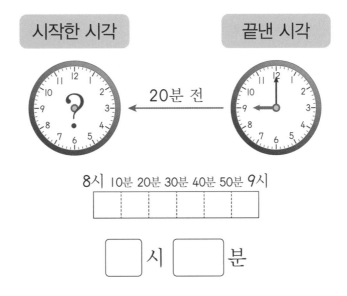

8시 10분 20분 30분 40분 50분 9시

☐ 시 ☐ 분

3 가은이가 기차를 타고 출발한 시각

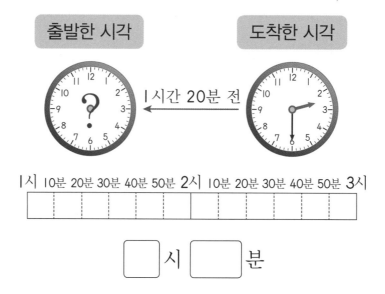

| 시 | 10분 | 20분 | 30분 | 40분 | 50분 | 2시 | 10분 | 20분 | 30분 | 40분 | 50분 | 3시 |

☐ 시 ☐ 분

4 승호가 독서를 시작한 시각

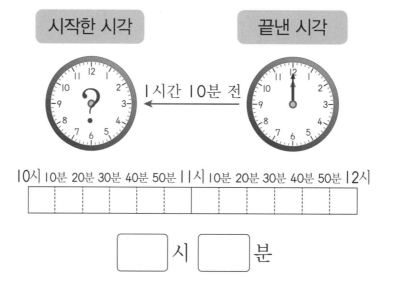

| 10시 | 10분 | 20분 | 30분 | 40분 | 50분 | ㅣ시 | 10분 | 20분 | 30분 | 40분 | 50분 | 12시 |

☐ 시 ☐ 분

영역별 반복집중학습 프로그램

도형·측정편

22a

| 시간 알기

이름 :

날짜 :

시간 : : ~ :

🐸 알맞은 시각 구하기 ④

★ 시작한 시각을 구해 보세요.

1

시작한 시각　　　　끝난 시각

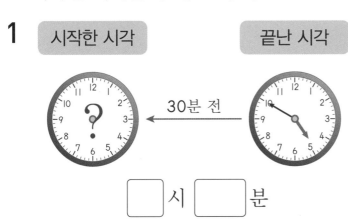

30분 전

◻ 시 ◻ 분

2

시작한 시각　　　　끝난 시각

50분 전

◻ 시 ◻ 분

3

시작한 시각　　　　끝난 시각

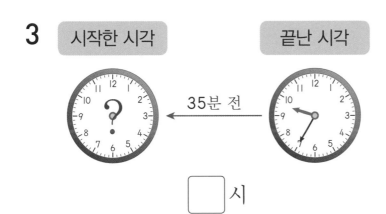

35분 전

◻ 시

4

시작한 시각　　　　　끝난 시각

　1시간 10분 전　

☐ 시 ☐ 분

5

시작한 시각　　　　　끝난 시각

　1시간 20분 전　

☐ 시 ☐ 분

6

시작한 시각　　　　　끝난 시각

　1시간 35분 전　

☐ 시 ☐ 분

도형·측정편

23a

하루의 시간 알기

이름 :
날짜 :
시간 :   :   ~   :

🐸 **하루의 이해 ①**

★ ☐ 안에 알맞은 수를 써넣으세요.

1 1일= 24 시간

2 1일 6시간=1일+6시간
  =☐ 시간+6시간
  =☐ 시간

> 짧은바늘이 시계를 한 바퀴 도는 데 걸리는 시간은 12시간이고, 짧은바늘은 하루에 시계를 2바퀴 돕니다. 따라서 하루는 24시간입니다.

3 1일 10시간=☐ 시간

4 1일 15시간=☐ 시간

5 1일 21시간=☐ 시간

6 2일=☐ 시간

7 2일 5시간=2일+5시간
  =24시간+☐ 시간+5시간
  =☐ 시간

8 2일 10시간=☐ 시간

9 24시간=☐일

10 29시간=24시간+5시간

=☐일+5시간

=☐일 ☐시간

11 35시간=☐일 ☐시간

12 40시간=☐일 ☐시간

13 44시간=☐일 ☐시간

14 48시간=☐일

15 50시간=24시간+24시간+2시간

=☐일+2시간

=☐일 ☐시간

16 55시간=☐일 ☐시간

도형·측정편

24a

이름 :

날짜 :

시간 : : ~ :

하루의 시간 알기

🐸 하루의 이해 ②

★ ☐ 안에 알맞은 수를 써넣으세요.

1 1일 5시간=☐시간

2 2일 15시간=☐시간

3 1일 20시간=☐시간

4 2일 7시간=☐시간

5 1일 11시간=☐시간

6 1일 8시간=☐시간

7 2일 2시간=☐시간

8 1일 16시간=☐시간

9 53시간=☐일☐시간

10 34시간=☐일☐시간

11 60시간=☐일☐시간

12 25시간=☐일☐시간

13 45시간=☐일☐시간

14 30시간=☐일☐시간

15 58시간=☐일☐시간

16 42시간=☐일☐시간

하루의 시간 알기

이름 :
날짜 :
시간 :   :   ~   :

🐸 **하루의 시간**

★ 채영이의 토요일 생활 계획표를 보고 하루의 시간을 알아보세요.

1 채영이가 계획한 일을 하는 데 걸리는 시간을 구해 보세요.

하는 일	걸리는 시간	하는 일	걸리는 시간
아침 식사	Ⅰ시간	놀이공원	㉢
피아노 연습	㉠	저녁 식사	Ⅰ시간
공부	㉡	휴식	㉣
점심 식사	Ⅰ시간	잠	㉤

2 하루는 ☐ 시간입니다.

★ 종기의 일요일 생활 계획표를 보고 하루의 시간을 알아보세요.

3 종기가 계획한 일을 하는 데 걸리는 시간을 구해 보세요.

하는 일	걸리는 시간	하는 일	걸리는 시간
아침 식사	ㅣ시간	줄넘기	ㄷ
축구	ㄱ	저녁 식사	ㅣ시간
점심 식사	ㅣ시간	독서	ㄹ
동물원 관람	ㄴ	잠	ㅁ

4 하루는 ☐ 시간입니다.

도형·측정편

26a

하루의 시간 알기

😃 오전과 오후 알기

★ 채영이가 만든 토요일 생활 계획표를 보고 오전과 오후를 알 아보세요.

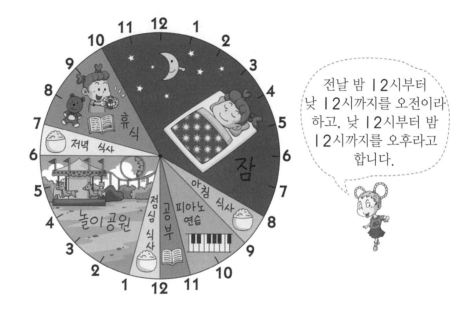

전날 밤 12시부터 낮 12시까지를 오전이라 하고, 낮 12시부터 밤 12시까지를 오후라고 합니다.

1 채영이가 활동을 시작할 시각을 써 보세요.

활동	피아노 연습	공부	놀이공원	휴식
시작 시각	오전 9시			오후 7시

2 잠을 자고 일어나서 오전에 할 일은 무엇인가요?

( )

3 잠을 자기 전 오후에 할 일은 무엇인가요?

( )

★ 종기가 만든 일요일 생활 계획표를 보고 오전과 오후를 알아 보세요.

4 종기가 활동을 시작할 시각을 써 보세요.

활동	아침 식사	축구	동물원 관람	줄넘기
시작 시각				

5 잠을 자고 일어나서 오전에 할 일은 무엇인가요?

( )

6 잠을 자기 전 오후에 할 일은 무엇인가요?

( )

하루의 시간 알기

이름 :

날짜 :

시간 :   :   ~   :

🐸 시간 구하기 ①

1 성호가 체육관에 있었던 시간을 시간 띠에 나타내어 구해 보세요.

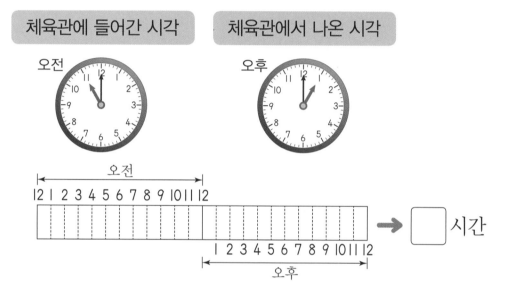

2 연수가 동물원에 있었던 시간을 시간 띠에 나타내어 구해 보세요.

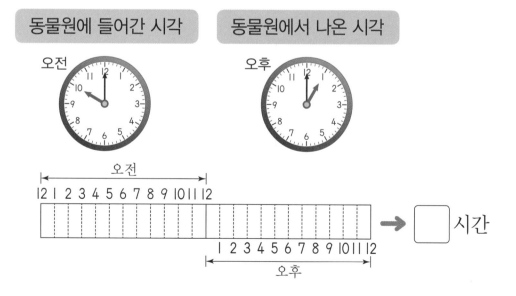

3 정희가 야구장에 있었던 시간을 시간 띠에 나타내어 구해 보세요.

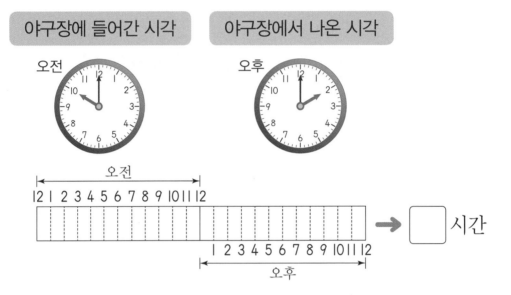

야구장에 들어간 시각   야구장에서 나온 시각

오전   오후

오전
12 1 2 3 4 5 6 7 8 9 10 11 12

1 2 3 4 5 6 7 8 9 10 11 12
오후

→ ☐ 시간

4 준기가 놀이공원에 있었던 시간을 시간 띠에 나타내어 구해 보세요.

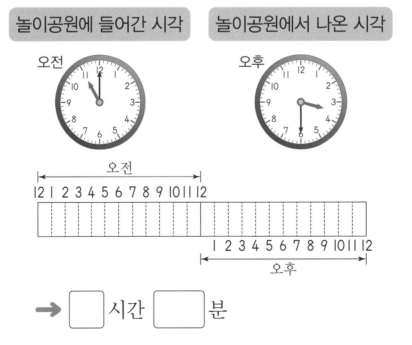

놀이공원에 들어간 시각   놀이공원에서 나온 시각

오전   오후

오전
12 1 2 3 4 5 6 7 8 9 10 11 12

1 2 3 4 5 6 7 8 9 10 11 12
오후

→ ☐ 시간 ☐ 분

이름 :
날짜 :
시간 :   :   ~   :

하루의 시간 알기

28a

🐸 **시간 구하기 ②**

1 정호가 영화관에 있었던 시간을 시간 띠에 나타내어 구해 보세요.

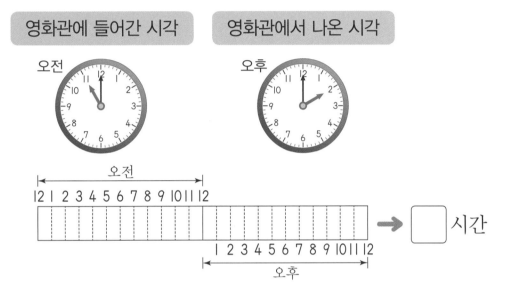

2 수빈이가 미술관에 있었던 시간을 시간 띠에 나타내어 구해 보세요.

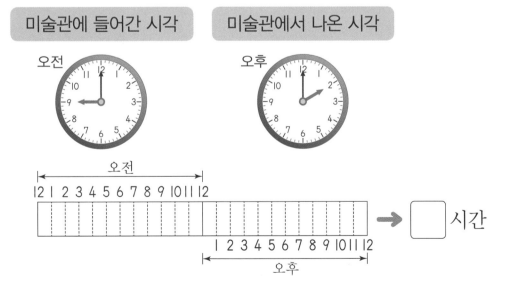

영역별 반복집중학습 프로그램
도형·측정편

3 성훈이가 식물원에 있었던 시간을 시간 띠에 나타내어 구해 보세요.

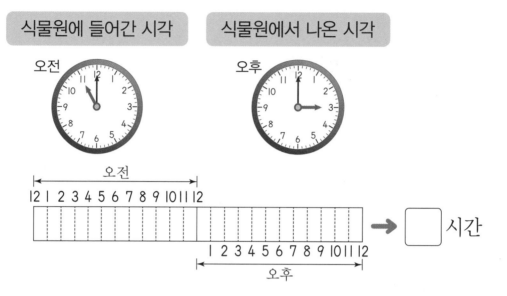

식물원에 들어간 시각   식물원에서 나온 시각

→ ☐ 시간

4 기호가 축구장에 있었던 시간을 시간 띠에 나타내어 구해 보세요.

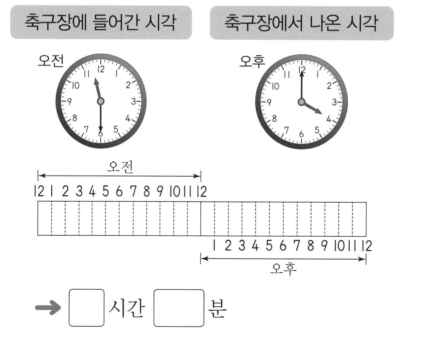

축구장에 들어간 시각   축구장에서 나온 시각

→ ☐ 시간 ☐ 분

도형·측정편

29a

하루의 시간 알기

🐸 시간 구하기 ③

★ 어떤 장소에 있었던 시간을 구해 보세요.

1

| 들어간 시각 | 나온 시각 |

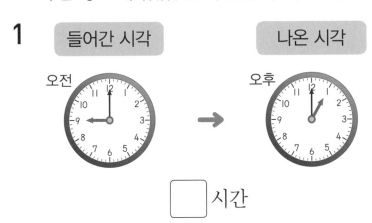

☐ 시간

2

| 들어간 시각 | 나온 시각 |

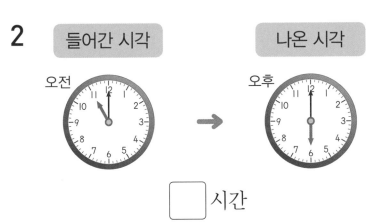

☐ 시간

3

| 들어간 시각 | 나온 시각 |

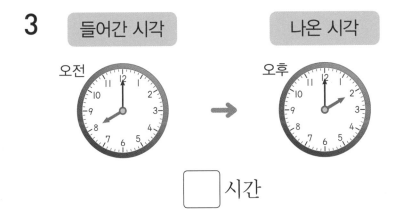

☐ 시간

4

들어간 시각 | 나온 시각

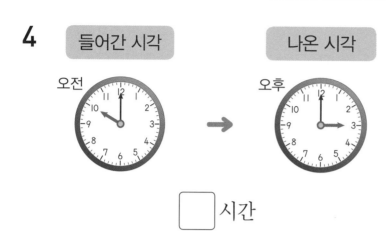

오전 → 오후

□ 시간

5

들어간 시각 | 나온 시각

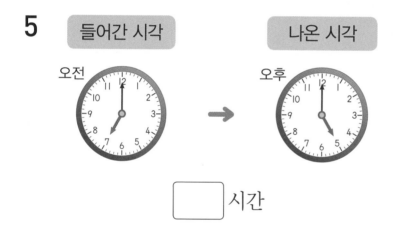

오전 → 오후

□ 시간

6

들어간 시각 | 나온 시각

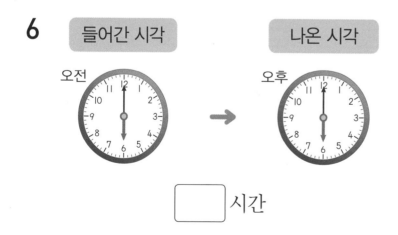

오전 → 오후

□ 시간

도형·측정편

30a

하루의 시간 알기

이름 :
날짜 :
시간 :   :   ~   :

🐸 시간 구하기 ④

★ 어떤 장소에 있었던 시간을 구해 보세요.

1

들어간 시각 → 나온 시각

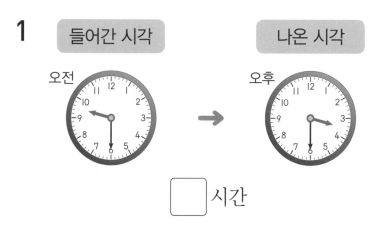

□ 시간

2

들어간 시각 → 나온 시각

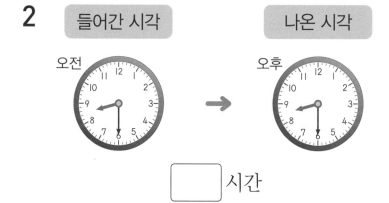

□ 시간

3

들어간 시각 → 나온 시각

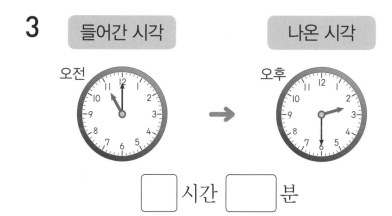

□ 시간 □ 분

4

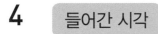 들어간 시각   나온 시각

 →

⬜ 시간 ⬜ 분

5

들어간 시각   나온 시각

 →

⬜ 시간 ⬜ 분

6

들어간 시각   나온 시각

 →

⬜ 시간 ⬜ 분

달력 알기(1)

이름 :

날짜 :

시간 :   :   ~   :

🐸 Ⅰ주일의 이해 ①

★ ☐ 안에 알맞은 수를 써넣으세요.

1 Ⅰ주일= 7 일

Ⅰ주일은
7일입니다.

2 Ⅰ주일 2일=Ⅰ주일+2일

=☐일+2일

=☐일

3 Ⅰ주일 3일=☐일

4 Ⅰ주일 5일=☐일

5 2주일=☐일

6 2주일 Ⅰ일=2주일+Ⅰ일

=7일+☐일+Ⅰ일

=☐일

7 2주일 4일=☐일

8 2주일 6일=☐일

9 7일=□주일

10 8일=7일+1일

=□주일+1일

=□주일 □일

11 11일=□주일 □일

12 13일=□주일 □일

13 14일=□주일

14 16일=7일+7일+2일

=□주일+2일

=□주일 □일

15 17일=□주일 □일

16 19일=□주일 □일

영역별 반복집중학습 프로그램 ———

도형·측정편

32a

달력 알기(1)

이름 :

날짜 :

시간 :   :   ~   :

🐸 | 주일의 이해 ②

★ ☐ 안에 알맞은 수를 써넣으세요.

1 2주일 3일 = ☐ 일

2 | 주일 | 일 = ☐ 일

3 3주일 2일 = ☐ 일

4 2주일 5일 = ☐ 일

5 | 주일 4일 = ☐ 일

6 3주일 5일 = ☐ 일

7 | 주일 6일 = ☐ 일

8 2주일 2일 = ☐ 일

9 12일=☐주일 ☐일

10 20일=☐주일 ☐일

11 15일=☐주일 ☐일

12 9일=☐주일 ☐일

13 27일=☐주일 ☐일

14 18일=☐주일 ☐일

15 10일=☐주일 ☐일

16 24일=☐주일 ☐일

달력 알기(1)

이름 :

날짜 :

시간 :   :   ~   :

🐸 달력의 이해 ①

★ 달력을 보고 물음에 답하세요.

3월

일	월	화	수	목	금	토
				1	2	3
④	⑤	⑥	⑦	⑧	⑨	⑩
11	12	13	14	15	16	17
18	19	20	21	22	23	24
25	26	27	28	29	30	31

달력에는 날짜와 요일이 적혀 있습니다.

1 몇 월의 달력인가요?

(   )월

2 이달은 모두 며칠인가요?

(   )일

3 3월 1일 삼일절은 무슨 요일인가요?

(   )요일

4 ○표 한 요일을 순서대로 써 보세요.

(   )

5 1주일은 며칠인가요?

(   )일

★ 달력을 보고 물음에 답하세요.

6월

일	월	화	수	목	금	토
					1	2
3	4	5	6	7	8	9
10	11	12	13	14	15	16
17	18	19	20	21	22	23
24	25	26	27	28	29	30

6 몇 월의 달력인가요?

(   )월

7 이달은 모두 며칠인가요?

(   )일

8 6월 6일 현충일은 무슨 요일인가요?

(   )요일

9 월요일인 날짜를 모두 쓰세요.

(   )일

10 월요일은 몇 번 있나요?

(   )번

달력 알기(1)

🐸 달력의 이해 ②

★ 달력을 보고 물음에 답하세요.

4월

일	월	화	수	목	금	토
1	2	3	4	5	6	7
8	9	10	11	12	13	14
15	16	17	18	19	20	21
22	23	24	25	26	27	28
29	30					

1 4월 5일 식목일은 무슨 요일인가요?

(   )요일

2 첫째 수요일은 며칠인가요?

(   )일

3 둘째 수요일은 며칠인가요?

(   )일

4 같은 요일은 며칠마다 반복될까요?

(   )일

5 20일은 몇째 금요일인가요?

(   )

★ 달력을 보고 물음에 답하세요.

8월

일	월	화	수	목	금	토
			1	2	3	4
5	6	7	8	9	10	11
12	13	14	15	16	17	18
19	20	21	22	23	24	25
26	27	28	29	30	31	

6 8월 15일 광복절은 무슨 요일인가요?

(   )요일

7 둘째 화요일은 며칠인가요?

(   )일

8 셋째 화요일은 며칠인가요?

(   )일

9 둘째 화요일부터 며칠 후가 셋째 화요일인가요?

(   )일 후

10 26일은 몇째 일요일인가요?

(   )

달력 알기(1)

🐸 달력의 이해 ③

★ 달력을 보고 물음에 답하세요.

2월

일	월	화	수	목	금	토
						1
2	3	4	5	6	7	8
9	10	11	12	13	14	15
16	17	18	19	20	21	22
23	24	25	26	27	28	

1 5일에서 1주일 후는 며칠인가요?

(   )일

2 20일에서 1주일 전은 며칠인가요?

(   )일

3 10일에서 7일 후는 무슨 요일인가요?

(   )요일

4 15일에서 7일 전은 무슨 요일인가요?

(   )요일

5 7일에서 2주일 후는 무슨 요일인가요?

(   )요일

★ 달력을 보고 물음에 답하세요.

10월

일	월	화	수	목	금	토
	1	2	3	4	5	6
7	8	9	10	11	12	13
14	15	16	17	18	19	20
21	22	23	24	25	26	27
28	29	30	31			

6 10월 3일 개천절에서 7일 후는 며칠인가요?

( )일

7 10월 9일 한글날에서 7일 전은 며칠인가요?

( )일

8 20일에서 1주일 후는 무슨 요일인가요?

( )요일

9 25일에서 1주일 전은 무슨 요일인가요?

( )요일

10 30일에서 2주일 전은 무슨 요일인가요?

( )요일

달력 알기(1)

🐸 달력의 이해 ④

★ 어느 해의 11월 달력을 이용하여 종빈이가 할 일을 알아보세요.

11월

일	월	화	수	목	금	토
			1	2	3	4
		7	8	9	10	
	13	14	15	16		
19	20	21	22			

태권도 심사: 11월 셋째 토요일

1 위의 달력을 완성해 보세요.

2 태권도 심사일은 며칠인가요?

(   )일

3 종빈이는 심사일까지 매주 화요일, 목요일에 태권도를 연습합니다. 11월 중 심사일까지 태권도를 연습하는 날은 모두 며칠인가요?

(   )일

4 심사 결과 발표는 심사일로부터 1주일 후입니다. 종빈이가 태권도 심사 결과를 알 수 있는 날은 며칠인가요?

(   )일

영역별 반복집중학습 프로그램

★ 어느 해의 1월 달력을 보고 물음에 답하세요.

일	월	화	수	목	금	토
						5
6	7	8			11	12
			16	17		
	21	22			25	

1월

5 위의 달력을 완성해 보세요.

6 인수의 생일은 며칠인가요?

> 연희: 내 생일은 1월 25일이야.
> 인수: 내 생일은 이미 지났어.
>   네 생일로부터 10일 전이야.

(   )일

7 이달의 마지막 날은 무슨 요일인가요?

(   )요일

8 이달의 마지막 일요일은 며칠인가요?

(   )일

영역별 반복집중학습 프로그램
도형·측정편
37a

달력 알기(2)

이름 :
날짜 :
시간 : : ~ :

🐸 Ⅰ년의 이해 ①

★ ☐ 안에 알맞은 수를 써넣으세요.

1 Ⅰ년= ☐12☐ 개월

2 Ⅰ년 3개월=Ⅰ년+3개월

= ☐ 개월+3개월

= ☐ 개월

Ⅰ년은 Ⅰ2개월입니다.

3 Ⅰ년 8개월= ☐ 개월

4 Ⅰ년 Ⅰ0개월= ☐ 개월

5 2년= ☐ 개월

6 2년 4개월=2년+4개월

=Ⅰ2개월+ ☐ 개월+4개월

= ☐ 개월

7 2년 7개월= ☐ 개월

8 2년 9개월= ☐ 개월

9 12개월=☐년

10 14개월=12개월+2개월

= ☐년+2개월

= ☐년 ☐개월

11 17개월=☐년 ☐개월

12 21개월=☐년 ☐개월

13 24개월=☐년

14 26개월=12개월+12개월+2개월

= ☐년+2개월

= ☐년 ☐개월

15 31개월=☐년 ☐개월

16 34개월=☐년 ☐개월

도형·측정편

38a

달력 알기(2)

이름 :

날짜 :

시간 :   :   ~   :

🐸 1년의 이해 ②

★ ☐ 안에 알맞은 수를 써넣으세요.

1 2년 8개월 = ☐ 개월

2 1년 7개월 = ☐ 개월

3 3년 2개월 = ☐ 개월

4 2년 3개월 = ☐ 개월

5 1년 1개월 = ☐ 개월

6 3년 6개월 = ☐ 개월

7 1년 9개월 = ☐ 개월

8 2년 11개월 = ☐ 개월

9 16개월= ☐ 년 ☐ 개월

10 25개월= ☐ 년 ☐ 개월

11 46개월= ☐ 년 ☐ 개월

12 18개월= ☐ 년 ☐ 개월

13 33개월= ☐ 년 ☐ 개월

14 29개월= ☐ 년 ☐ 개월

15 23개월= ☐ 년 ☐ 개월

16 39개월= ☐ 년 ☐ 개월

달력 알기(2)

이름 :

날짜 :

시간 :　　:　　~　　:

🐸 **각 달의 날수 이해 ①**

★ 1년의 각 달이 며칠인지 나타낸 것입니다. 물음에 답하세요.

월	1	2	3	4	5	6	7	8	9	10	11	12
날수(일)	31	28 (29)	31	30	31	30	31	31	30	31	30	31

1 1년은 몇 월부터 몇 월까지 있나요?

(　　　　　　　　)월~(　　　　　　　　)월

2 1년은 모두 몇 개월인가요?

(　　　　　　　　)개월

3 31일까지 있는 달을 모두 쓰세요.

(　　　　　　　　)월

4 30일까지 있는 달을 모두 쓰세요.

(　　　　　　　　)월

5 날수가 가장 적은 달은 몇 월인가요?

(　　　　　　　　)월

★ 1년의 각 달이 며칠인지 나타낸 것입니다. 물음에 답하세요.

월	1	2	3	4	5	6	7	8	9	10	11	12
날수(일)	31	28 (29)	31	30	31	30	31	31	30	31	30	31

6 7월은 며칠까지 있나요?

( )일

7 날수가 28일 또는 29일인 달은 몇 월인가요?

( )월

8 날수가 같은 달끼리 짝 지은 것을 모두 찾아 기호를 쓰세요.

> ㉠ 3월, 5월 ㉡ 4월, 10월 ㉢ 1월, 6월
> ㉣ 9월, 11월 ㉤ 7월, 8월 ㉥ 2월, 12월

( )

9 1년 중에서 날수가 31일인 달은 30일인 달보다 몇 달이 더 많나요?

( )달

10 1년 중 1월, 3월, 5월의 날수를 모두 더하면 며칠인가요?

( )일

달력 알기 (2)

이름 :

날짜 :

시간 :   :   ~   :

🐸 각 달의 날수 이해 ②

★ 1년의 각 달이 며칠인지 나타낸 것입니다. 물음에 답하세요.

월	1	2	3	4	5	6	7	8	9	10	11	12
날수(일)	31	28 (29)	31	30	31	30	31	31	30	31	30	31

1 31일까지 있는 달은 □표, 30일까지 있는 달은 ○표, 그렇지 않은 달은 △표 하세요.

2 4월 30일 다음 날은 몇 월 며칠인가요?

(   )월 (   )일

3 10월 31일 다음 날은 몇 월 며칠인가요?

(   )월 (   )일

4 1월 31일이 일요일이라면 2월 1일은 무슨 요일인가요?

(   )요일

5 8월 1일이 수요일이라면 7월 31일은 무슨 요일인가요?

(   )요일

★ 물음에 답하세요.

월	1	2	3	4	5	6	7	8	9	10	11	12
날수(일)		28 (29)										

6 각 달은 며칠로 이루어져 있는지 빈칸에 알맞은 날수를 써넣으세요.

7 미술 작품 전시회를 11월 1일부터 12월 31일까지 한다고 합니다. 전시회를 하는 기간은 며칠인가요?

(   )일

8 민희는 장수풍뎅이를 6월 1일부터 8월 31일까지 관찰하였습니다. 민희가 장수풍뎅이를 관찰한 기간은 며칠인가요?

(   )일

9 수일이는 7월 30일부터 8월 30일까지 수영을 배웠습니다. 수일이가 수영을 배운 기간은 며칠인가요?

(   )일

🔧 다음 학습 연관표

5과정 시각과 시간(1)	→	7과정 mm, km 알아보기/시각과 시간(2)

기탄영역별수학
도형·측정편

성취도 테스트

5과정 | 시각과 시간(1)

이름	
실시 연월일	년 월 일
걸린 시간	분 초
오답 수	/ 16

1 시각을 써 보세요.

☐ 시 ☐ 분

2 시각에 맞게 긴바늘을 그려 넣으세요.

3 시각을 써 보세요.

(1)

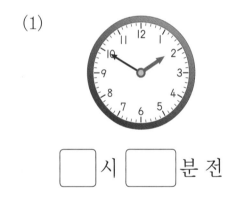

☐ 시 ☐ 분 전

(2)

☐ 시 ☐ 분 전

4 시각에 맞게 긴바늘을 그려 넣으세요.

(1) 4시 20분 전

(2) 12시 7분 전

5 ⬜ 안에 알맞은 수를 써넣으세요.

(1) 160분= ⬜ 시간 ⬜ 분 (2) 1시간 35분= ⬜ 분

6 연수가 공부를 하는 데 걸린 시간을 구해 보세요.

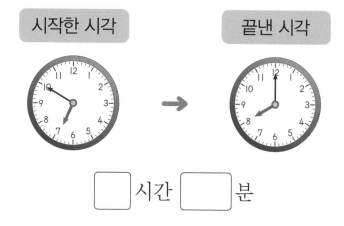

⬜ 시간 ⬜ 분

7 연극이 끝난 시각을 구해 보세요.

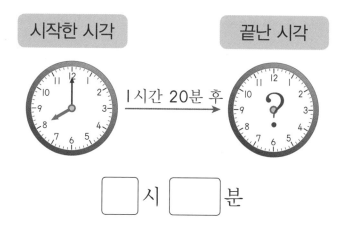

⬜ 시 ⬜ 분

8 ⬜ 안에 알맞은 수를 써넣으세요.

(1) 2일 4시간= ⬜ 시간 (2) 31시간= ⬜ 일 ⬜ 시간

9 ( ) 안에 오전과 오후를 알맞게 써넣으세요.

(1) 아침 7시 ( )   (2) 저녁 9시 ( )

(3) 낮 2시 ( )   (4) 새벽 1시 ( )

10 형주가 놀이공원에 있었던 시간을 구해 보세요.

| 놀이공원에 들어간 시각 | 놀이공원에서 나온 시각 |

□시간

11 시윤이가 도서관에 있었던 시간을 구해 보세요.

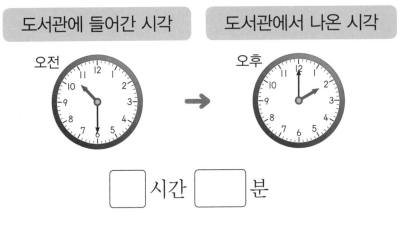

| 도서관에 들어간 시각 | 도서관에서 나온 시각 |

□시간 □분

12 □ 안에 알맞은 수를 써넣으세요.

(1) 3주일＝□일   (2) 25일＝□주일 □일

★ 어느 해의 5월 달력을 보고 물음에 답하세요. (13~14)

5월

일	월	화	수	목	금	토
				1	2	3
4	5	6	7	8	9	10
11	12	13	14	15	16	17
18	19	20	21	22	23	24
25	26	27	28	29	30	31

13 5월 5일 어린이날은 무슨 요일인가요?

( )요일

14 어린이날로부터 1주일 후는 며칠인가요?

( )일

15 ☐ 안에 알맞은 수를 써넣으세요.

(1) 3년 = ☐ 개월   (2) 20개월 = ☐ 년 ☐ 개월

16 각 달은 며칠로 이루어져 있는지 빈칸에 알맞은 날수를 써넣으세요.

월	1	2	3	4	5	6	7	8	9	10	11	12
날수(일)		28 (29)										

성취도 테스트 결과표

5과정 | 시각과 시간(1)

번호	평가 요소	평가 내용	결과(O, X)	관련 내용
1	몇 시 몇 분 알기	시계를 보고 시각 읽기를 바르게 할 수 있는지 확인하는 문제입니다.		1a
2		시각에 맞게 긴바늘을 그려 넣을 수 있는지 확인하는 문제입니다.		3a
3	여러 가지 방법으로 시각 읽기	시각을 '몇 시 몇 분 전'으로 읽을 수 있는지 확인하는 문제입니다.		9a
4		'몇 시 몇 분 전'으로 나타낸 시각에 맞게 긴바늘을 그려 넣을 수 있는지 확인하는 문제입니다.		11a
5	1시간 알기	시간과 분의 관계를 알고 있는지 확인하는 문제입니다.		13a
6		두 시계를 보고 걸린 시간을 구할 수 있는지 확인하는 문제입니다.		15a
7		상황에 맞게 끝난 시각을 구할 수 있는지 확인하는 문제입니다.		19a
8	하루의 시간 알기	'1일=24시간'을 이용하여 문제를 풀 수 있는지 확인하는 문제입니다.		23a
9		오전과 오후의 개념을 알고 있는지 확인하는 문제입니다.		26a
10		오전과 오후의 개념을 통하여 특정한 장소에 있었던 시간을 구할 수 있는지 확인하는 문제입니다.		27a
11				27a
12	달력 알기(1)	'1주일=7일'을 이용하여 문제를 풀 수 있는지 확인하는 문제입니다.		31a
13		달력을 보고 요일과 1주일 후를 알고 있는지 확인하는 문제입니다.		33a
14				33a
15	달력 알기(2)	'1년=12개월'을 이용하여 문제를 풀 수 있는지 확인하는 문제입니다.		37a
16		1년은 1월부터 12월까지 있고, 각 달의 날수를 알고 있는지 확인하는 문제입니다.		39a

평가	□ A등급(매우 잘함)	□ B등급(잘함)	□ C등급(보통)	□ D등급(부족함)
오답 수	0~1	2~3	4~5	6~

• A, B등급: 다음 교재를 시작하세요.
• C등급: 틀린 부분을 다시 한번 더 공부한 후, 다음 교재를 시작하세요.
• D등급: 본 교재를 다시 구입하여 복습한 후, 다음 교재를 시작하세요.

1ab

1 7, 45	**2** 4, 15	**3** 1, 20
4 11, 31	**5** 10, 4	**6** 5, 58
7 9, 40	**8** 3, 19	**9** 2, 23
10 6, 5	**11** 8, 55	**12** 12, 37

2ab

1 ㉝	**2** ㉣	**3** ㉠	**4** ㉢
5 ㉣	**6** ㉢	**7** ㉝	**8** ㉠

〈풀이〉

1~8 디지털시계에서 ':' 앞의 수는 '시'를 나타내고, ':' 뒤의 수는 '분'을 나타냅니다.

3ab

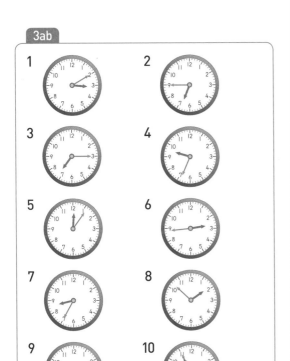

4ab

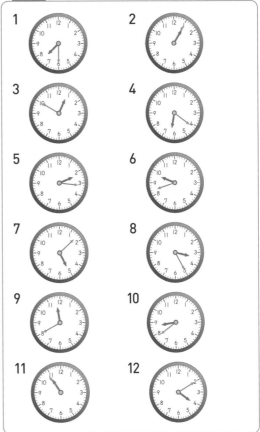

5ab

1 7, 55 / 8, 5	**2** 5, 50 / 6, 10
3 2, 45 / 3, 15	**4** 10, 40 / 11, 20
5 4, 40 / 5, 20	**6** 12, 45 / 1, 15
7 9, 50 / 10, 10	**8** 3, 55 / 4, 5

〈풀이〉

1~8 ●분이 더 지나야 ■시가 되는 시각은 ■시 ●분 전입니다.

6ab

1 10, 50 / 11, 10	**2** 8, 40 / 9, 20
3 4, 55 / 5, 5	**4** 1, 45 / 2, 15
5 9, 45 / 10, 15	**6** 6, 50 / 7, 10
7 2, 40 / 3, 20	**8** 11, 55 / 12, 5

7ab

1 ㄴ	2 ㄱ	3 ㄹ	4 ㄷ
5 ㄷ	6 ㄹ	7 ㄱ	8 ㄴ

〈풀이〉

1 시계가 나타내는 시각은 6시 40분이고, 6시 40분에서 7시가 되려면 20분이 더 지나야 하므로 7시 20분 전이라고도 합니다.

8ab

1 ㄴ	2 ㄹ	3 ㄱ	4 ㄷ
5 ㄷ	6 ㄱ	7 ㄹ	8 ㄴ

9ab

1 12, 10	2 9, 5	3 7, 15
4 4, 20	5 6, 5	6 10, 20
7 8, 15	8 3, 10	9 1, 20
10 11, 5	11 2, 10	12 5, 15

10ab

1 12, 15	2 5, 10	3 7, 5
4 2, 20	5 6, 15	6 1, 5
7 3, 3	8 8, 11	9 10, 16
10 11, 4	11 9, 13	12 4, 6

11ab

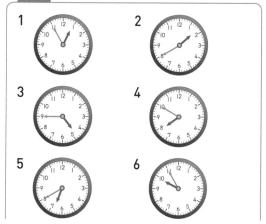

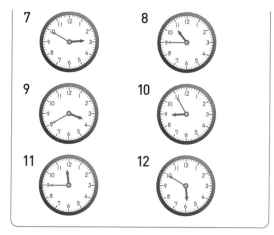

〈풀이〉

2 2시 20분 전은 1시 40분이므로 긴바늘이 8을 가리키도록 그립니다.

12ab

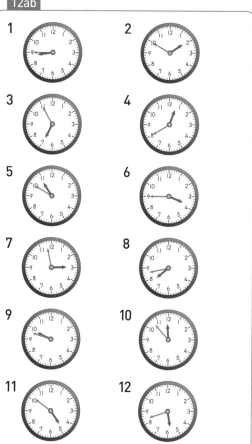

13ab

1 1	**2** 1, 1, 5	**3** 1, 20
4 1, 35	**5** 1, 50	**6** 2
7 2, 2, 10	**8** 2, 20	**9** 60
10 60, 70	**11** 85	**12** 100
13 115	**14** 120	**15** 60, 125
16 135		

〈풀이〉

3 80분=60분+20분
   =1시간+20분
   =1시간 20분

8 140분=60분+60분+20분
   =2시간+20분
   =2시간 20분

11 1시간 25분=1시간+25분
   =60분+25분
   =85분

16 2시간 15분=2시간+15분
   =60분+60분+15분
   =135분

14ab

1 2, 5	**2** 1, 10	**3** 2, 15
4 1, 40	**5** 1, 25	**6** 1, 55
7 2, 30	**8** 1, 45	**9** 75
10 140	**11** 110	**12** 130
13 90	**14** 65	**15** 145
16 80		

15ab

1 7시 10분 20분 30분 40분 50분 8시 , 20

2 5시 10분 20분 30분 40분 50분 6시 , 30

3 3시 10분 20분 30분 40분 50분 4시 10분 20분 30분 40분 50분 5시 , 40

4 1시 10분 20분 30분 40분 50분 2시 10분 20분 30분 40분 50분 3시 , 55

16ab

1 2시 10분 20분 30분 40분 50분 3시 10분 20분 30분 40분 50분 4시 , 60, 1

2 4시 10분 20분 30분 40분 50분 5시 10분 20분 30분 40분 50분 6시 , 80, 1, 20

3 9시 10분 20분 30분 40분 50분 10시 10분 20분 30분 40분 50분 11시 , 90, 1, 30

4 12시 10분 20분 30분 40분 50분 1시 10분 20분 30분 40분 50분 2시 , 105, 1, 45

17ab

1 20	**2** 30	**3** 35
4 1, 10	**5** 1, 30	**6** 2

〈풀이〉

3 8시 10분 20분 30분 40분 50분 9시 10분 20분 30분 40분 50분 10시
걸린 시간 35분

4 11시 10분 20분 30분 40분 50분 12시 10분 20분 30분 40분 50분 1시
걸린 시간 70분=1시간 10분

5 10시 10분 20분 30분 40분 50분 11시 10분 20분 30분 40분 50분 12시
걸린 시간 90분=1시간 30분
[다른 풀이]

10시 10분 $\xrightarrow{\text{50분 후}}$ 11시 $\xrightarrow{\text{40분 후}}$ 11시 40분
걸린 시간 90분=1시간 30분

6 5시 45분 $\xrightarrow{\text{15분 후}}$ 6시 $\xrightarrow{\text{1시간 후}}$ 7시
$\xrightarrow{\text{45분 후}}$ 7시 45분

걸린 시간 15분+1시간+45분=2시간

18ab

1 30	**2** 50	**3** 45
4 1, 40	**5** 1, 15	**6** 2, 10

〈풀이〉

3 4시 10분 20분 30분 40분 50분 5시 10분 20분 30분 40분 50분 6시

걸린 시간 45분

4 1시 10분 20분 30분 40분 50분 2시 10분 20분 30분 40분 50분 3시

걸린 시간 100분=1시간 40분

5 3시 10분 20분 30분 40분 50분 4시 10분 20분 30분 40분 50분 5시

걸린 시간 75분=1시간 15분
[다른 풀이]

3시 35분 $\xrightarrow{25분\ 후}$ 4시 $\xrightarrow{50분\ 후}$ 4시 50분
걸린 시간 75분=1시간 15분

6 8시 20분 $\xrightarrow{40분\ 후}$ 9시 $\xrightarrow{1시간\ 후}$ 10시
$\xrightarrow{30분\ 후}$ 10시 30분
걸린 시간 40분+1시간+30분=2시간 10분

19ab

1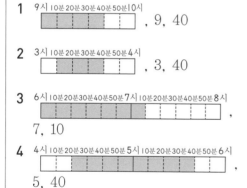
9시 10분 20분 30분 40분 50분 10시 , 9, 40

2 3시 10분 20분 30분 40분 50분 4시 , 3, 40

3 6시 10분 20분 30분 40분 50분 7시 10분 20분 30분 40분 50분 8시 ,
7, 10

4 4시 10분 20분 30분 40분 50분 5시 10분 20분 30분 40분 50분 6시 ,
5, 40

20ab

1 11, 40	**2** 1, 35	**3** 6
4 11, 40	**5** 8, 40	**6** 3, 45

〈풀이〉

3 5시 10분 20분 30분 40분 50분 6시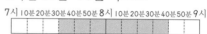

끝난 시각 6시

4 '1시간=60분'이므로

10시 10분 20분 30분 40분 50분 11시 10분 20분 30분 40분 50분 12시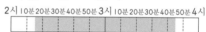

끝난 시각 11시 40분

5 '1시간 10분=70분'이므로

7시 10분 20분 30분 40분 50분 8시 10분 20분 30분 40분 50분 9시

끝난 시각 8시 40분
[다른 풀이]

7시 30분 $\xrightarrow{1시간\ 후}$ 8시 30분
$\xrightarrow{10분\ 후}$ 8시 40분
끝난 시각 8시 40분

6 '1시간 30분=90분'이므로

2시 10분 20분 30분 40분 50분 3시 10분 20분 30분 40분 50분 4시

끝난 시각 3시 45분
[다른 풀이]

2시 15분 $\xrightarrow{1시간\ 후}$ 3시 15분
$\xrightarrow{30분\ 후}$ 3시 45분
끝난 시각 3시45분

21ab

1 7시 10분 20분 30분 40분 50분 8시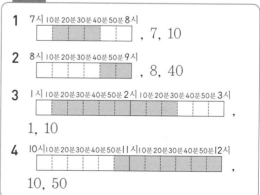
, 7, 10

2 8시 10분 20분 30분 40분 50분 9시 , 8, 40

3 1시 10분 20분 30분 40분 50분 2시 10분 20분 30분 40분 50분 3시 ,
1, 10

4 10시 10분 20분 30분 40분 50분 11시 10분 20분 30분 40분 50분 12시 ,
10, 50

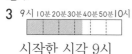

22ab

1 4, 20	**2** 5, 10	**3** 9
4 9, 10	**5** 10, 10	**6** 2, 15

〈풀이〉

3

9시 10분 20분 30분 40분 50분 10시

시작한 시각 9시

4 '1시간 10분=70분'이므로
9시 10분 20분 30분 40분 50분 10시 10분 20분 30분 40분 50분 11시

시작한 시각 9시 10분

5 '1시간 20분=80분'이므로

10시 10분 20분 30분 40분 50분 11시 10분 20분 30분 40분 50분 12시

시작한 시각 10시 10분

[다른 풀이]

11시 30분 $\xrightarrow{1시간\ 전}$ 10시 30분

$\xrightarrow{20분\ 전}$ 10시 10분

시작한 시각 10시 10분

6 '1시간 35분=95분'이므로
2시 10분 20분 30분 40분 50분 3시 10분 20분 30분 40분 50분 4시

시작한 시각 2시 15분

[다른 풀이]

3시 50분 $\xrightarrow{1시간\ 전}$ 2시 50분

$\xrightarrow{35분\ 전}$ 2시 15분

시작한 시각 2시 15분

23ab

1 24	**2** 24, 30	**3** 34
4 39	**5** 45	**6** 48
7 24, 53	**8** 58	**9** 1
10 1, 1, 5	**11** 1, 11	**12** 1, 16
13 1, 20	**14** 2	**15** 2, 2, 2
16 2, 7		

〈풀이〉

3 1일 10시간=1일+10시간
=24시간+10시간
=34시간

8 2일 10시간=2일+10시간
=24시간+24시간+10시간
=58시간

11 35시간=24시간+11시간
=1일+11시간=1일 11시간

16 55시간=24시간+24시간+7시간
=2일+7시간=2일 7시간

24ab

1 29	**2** 63	**3** 44
4 55	**5** 35	**6** 32
7 50	**8** 40	**9** 2, 5
10 1, 10	**11** 2, 12	**12** 1, 1
13 1, 21	**14** 1, 6	**15** 2, 10
16 1, 18		

25ab

1 ㉠ 2시간, ㉡ 1시간, ㉢ 5시간,
㉣ 3시간, ㉤ 10시간

2 24

3 ㉠ 3시간, ㉡ 4시간, ㉢ 1시간,
㉣ 2시간, ㉤ 11시간

4 24

26ab

1 오전 11시, 오후 1시

2 아침 식사, 피아노 연습, 공부

3 점심 식사, 놀이공원, 저녁 식사, 휴식

4 오전 8시, 오전 9시, 오후 1시, 오후 5시

5 아침 식사, 축구

6 점심 식사, 동물원 관람, 줄넘기, 저녁
식사, 독서

27ab

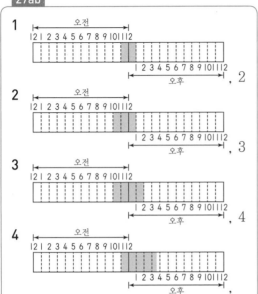

1 , 2

2 , 3

3 , 4

4 ,
4, 30

28ab

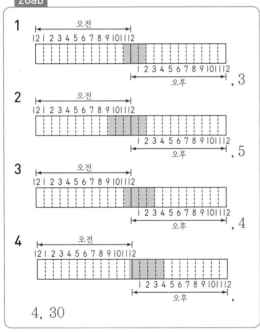

1 , 3

2 , 5

3 , 4

4 ,
4, 30

29ab

1 4	**2** 7	**3** 6	**4** 5
5 10	**6** 12		

〈풀이〉

3
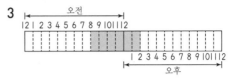

어떤 장소에 있었던 시간 6시간

6
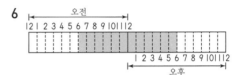

어떤 장소에 있었던 시간 12시간
[다른 풀이]

오전 6시 $\xrightarrow{6시간 후}$ 낮 12시 $\xrightarrow{6시간 후}$ 오후 6시
어떤 장소에 있었던 시간 12시간

30ab

1 6	**2** 12	**3** 3, 30
4 1, 30	**5** 5, 10	**6** 4, 25

〈풀이〉

3
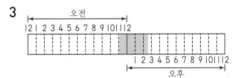

어떤 장소에 있었던 시간 3시간 30분

4
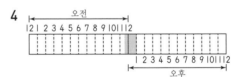

어떤 장소에 있었던 시간 1시간 30분
[다른 풀이]

오전 11시 30분 $\xrightarrow{30분 후}$ 낮 12시
$\xrightarrow{1시간 후}$ 오후 1시
어떤 장소에 있었던 시간 1시간 30분

5 오전 10시 50분 $\xrightarrow{10분 후}$ 오전 11시
$\xrightarrow{1시간 후}$ 낮 12시
$\xrightarrow{4시간 후}$ 오후 4시

어떤 장소에 있었던 시간 5시간 10분

6 오전 9시 55분 —5분 후→ 오전 10시

—2시간 후→ 낮 12시

—2시간 후→ 오후 2시

—20분 후→ 오후 2시 20분

어떤 장소에 있었던 시간 4시간 25분

31ab

1 7	**2** 7, 9	**3** 10
4 12	**5** 14	**6** 7, 15
7 18	**8** 20	**9** 1
10 1, 1, 1	**11** 1, 4	**12** 1, 6
13 2	**14** 2, 2, 2	**15** 2, 3
16 2, 5		

〈풀이〉

3 1주일 3일=1주일+3일
      =7일+3일
      =10일

8 2주일 6일=2주일+6일
      =7일+7일+6일
      =20일

11 11일=7일+4일
      =1주일+4일
      =1주일 4일

16 19일=7일+7일+5일
      =2주일+5일
      =2주일 5일

32ab

1 17	**2** 8	**3** 23
4 19	**5** 11	**6** 26
7 13	**8** 16	**9** 1, 5
10 2, 6	**11** 2, 1	**12** 1, 2
13 3, 6	**14** 2, 4	**15** 1, 3
16 3, 3		

33ab

1 3	**2** 31	**3** 목
4 일요일, 월요일, 화요일, 수요일, 목요일, 금요일, 토요일		
5 7	**6** 6	**7** 30 **8** 수
9 4, 11, 18, 25		**10** 4

34ab

1 목	**2** 4	**3** 11	**4** 7
5 셋째	**6** 수	**7** 14	**8** 21
9 7	**10** 넷째		

35ab

1 12	**2** 13	**3** 월	**4** 토
5 금	**6** 10	**7** 2	**8** 토
9 목	**10** 화		

〈풀이〉

5 7일에서 2주일 후는 21일이므로 금요일입니다.

10 30일에서 2주일 전은 16일이므로 화요일입니다.

36ab

1

일	월	화	수	목	금	토
				1	2	3	4
5	6	7	8	9	10	11
12	13	14	15	16	17	18
19	20	21	22	23	24	25
26	27	28	29	30		

2 18   **3** 5   **4** 25

5

일	월	화	수	목	금	토
		1	2	3	4	5
6	7	8	9	10	11	12
13	14	15	16	17	18	19
20	21	22	23	24	25	26
27	28	29	30	31		

6 15   **7** 목   **8** 27

37ab

1 12	**2** 12, 15	**3** 20
4 22	**5** 24	**6** 12, 28
7 31	**8** 33	**9** 1
10 1, 1, 2	**11** 1, 5	**12** 1, 9
13 2	**14** 2, 2, 2	**15** 2, 7
16 2, 10		

〈풀이〉

8 2년 9개월=2년+9개월
=12개월+12개월+9개월
=33개월

16 34개월=12개월+12개월+10개월
=2년+10개월
=2년 10개월

38ab

1 32	**2** 19	**3** 38
4 27	**5** 13	**6** 42
7 21	**8** 35	**9** 1, 4
10 2, 1	**11** 3, 10	**12** 1, 6
13 2, 9	**14** 2, 5	**15** 1, 11
16 3, 3		

39ab

1 1, 12	**2** 12
3 1, 3, 5, 7, 8, 10, 12	
4 4, 6, 9, 11	**5** 2
6 31	**7** 2 **8** ㉠, ㉣, ㉤
9 3	**10** 93

〈풀이〉

9 날수가 31일인 달은 1월, 3월, 5월, 7월, 8월, 10월, 12월로 7달이고, 날수가 30일인 달은 4월, 6월, 9월, 11월로 4달입니다. ⇨ 7−4=3(달)

10 1월, 3월, 5월의 날수는 모두 31일이므로 31+31+31=93(일)입니다.

40ab

1

월	1	2	3	4	5	6	7	8	9	10	11	12
날수(일)	31	28 (29)	31	30	31	30	31	31	30	31	30	31

2 5, 1   **3** 11, 1   **4** 월   **5** 화

6

월	1	2	3	4	5	6	7	8	9	10	11	12
날수(일)	31	28 (29)	31	30	31	30	31	31	30	31	30	31

7 61   **8** 92   **9** 32

〈풀이〉

4 1월 31일 다음 날은 2월 1일이므로, 2월 1일은 월요일입니다.

5 8월 1일 바로 앞의 날은 7월 31일이므로, 7월 31일은 화요일입니다.

성취도 테스트

1 6, 47   **2**

3 (1) 2, 10 (2) 5, 4

4 (1) (2)

5 (1) 2, 40 (2) 95

6 1, 10   **7** 9, 20

8 (1) 52 (2) 1, 7

9 (1) 오전 (2) 오후 (3) 오후 (4) 오전

10 6   **11** 3, 30

12 (1) 21 (2) 3, 4

13 월   **14** 12

15 (1) 36 (2) 1, 8

16

월	1	2	3	4	5	6	7	8	9	10	11	12
날수(일)	31	28 (29)	31	30	31	30	31	31	30	31	30	31

모의 한자능력검정시험 실시 전 유의 사항

- 모의 한자능력검정시험은 기탄 급수한자 5급·5급Ⅱ ③과정을 완전하게 학습한 다음 풀어 보세요.
- 시험에서 당황하지 않도록 교재에 있는 답안지에 답을 기입하세요.
- 5급·5급Ⅱ 한자능력검정시험의 문항 수는 100문제이며, 배정 시간은 50분입니다.
- 답안지를 작성할 때는 실제 시험에서와 같이 검은색 필기구(유성펜, 연필 제외)를 사용하세요.

모의 한자능력검정시험 실시 후 유의 사항

- 실제 시험에서와 같이 배정 시간 50분을 정확히 지키세요.
- 반드시 채점을 하고 예매하게 쓴 답은 오답으로 처리하세요. 그래야 자신의 실력을 정확히 판단할 수 있습니다.
- 이 시험은 본 시험에 대비하여 경험을 쌓기 위한 것이므로 아래의 표를 참조하여 다음 진도를 결정하세요.

등급	정답 수	평가	성취도 및 향후 학습 계획
A	91~100	매우 잘함	학습 성취도가 매우 높습니다. 5급·5급Ⅱ ④과정을 공부하세요.
B	81~90	잘함	학습 성취도가 비교적 양호합니다. 5급·5급Ⅱ ④과정을 공부하세요.
C	71~80	보통	약간 부족합니다. 5급·5급Ⅱ ③과정을 복습한 후 5급·5급Ⅱ ④과정을 공부하세요.
D	70 이하	부족	이주 부족합니다. 5급·5급Ⅱ ③과정을 처음부터 복습하세요.

※5급·5급Ⅱ ③과정을 모두 마친 다음에, 가위로 잘라서 모의고사를 풀어 보세요.

13. 선거는 민주 정치에 매우 重要합니다.
14. 財物에 욕심을 내면 안 됩니다.
15. 나는 낙천적인 性格입니다.
16. 約束 시간보다 늦게 도착했습니다.
17. 宿所는 체육관 옆건물입니다.
18. 學友 간에 사이좋게 지내야 합니다.
19. 책을 통해 偉人의 삶을 만나 봅시다.
20. 이건 내 任意대로 할 일이 아닙니다.
21. 책은 인류 문화의 財産입니다.
22. 雨天으로 경기가 취소되었습니다.
23. 雲集한 군중 앞에서 선거 유세를 합니다.
24. 그는 惡行을 일삼다 결국 경찰에 붙잡혔습니다.
25. 칠흑 같은 어둠 때문에 識別이 잘 안 됩니다.
26. 實名으로 예금을 해야 합니다.
27. 小兒들을 위한 시설이 턱없이 부족한 형편입니다.
28. 선거 때면 후보자들이 그럴듯한 公約을 내겁니다.
29. 靑雲의 뜻을 품고 학업에 열중합니다.
30. 이 책은 한자능력검정시험 준비 敎材입니다.
31. 정도전은 조선 건국의 일등 功臣입니다.

38. 順
39. 歲
40. 具
41. 養
42. 良
43. 圖
44. 元
45. 念
46. 氣
47. 洗
48. 樹
49. 園
50. 仕
51. 任
52. 愛
53. 望
54. 畫
55. 溫
56. 材
57. 郡
58. 鮮

[問 59~61] 다음 ( ) 안에 각각 뜻이 반대 또는 상대 되는 漢字를 써넣어 단어가 되게 하세요.

59. 問 ↔ ( )
60. ( ) ↔ 行
61. 祖 ↔ ( )

1

[問 69~71] 다음 각 단어와 음은 같으나 뜻이 다른 단어를 쓰되 주어진 뜻풀이에 맞게 漢字로 쓰세요.

69. 植樹 - (　　) : 땅을 용도의 땅

70. 自信 - (　　) : 제 몸, 자기

71. 全力 - (　　) : 전류가 단위 시간에 하는 일

[問 72~74] 다음 漢字語의 뜻을 간단히 쓰세요.

72. 洗面

73. 雨衣

74. 氣溫

[問 75~77] 다음 漢字의 略字(약자:획수를 줄인 漢字)를 쓰세요.

75. 圖

76. 體

77. 對

---

97. 고려의 시조는 태조 왕건이다.

[問 98~100] 다음 漢字의 진하게 표시한 획은 몇 번째 쓰는지 〈例〉에서 찾아 그 번호를 쓰세요.

〈例〉
① 첫 번째　　② 두 번째
③ 세 번째　　④ 네 번째
⑤ 다섯 번째　⑥ 여섯 번째
⑦ 일곱 번째　⑧ 여덟 번째
⑨ 아홉 번째　⑩ 열 번째

98. 求

99. 答

100. 用

12. 안중에는 안주 선수 永遠이 많이 남아 있다.
13. 우리 야구 대표팀이 일본에 完勝했다.
14. 오늘은 무슨 曜日입니까?
15. 浴室에 들어가 샤워를 했다.
16. 방 안의 溫度가 매우 높다.
17. 성당의 규모가 雄大하다.
18. 삼촌은 大學院에 다니고 있다.
19. 전기의 原理를 발견하여 생활이 편리해졌다.
20. 훗날을 期約하고 헤어졌다.
21. 이번 평가에서 우리 학교가 上位를 차지했다.
22. 耳順은 예순 살을 일컫는 말이다.
23. 사고의 原因을 조사하다.
24. 친구 사이의 友愛가 돈독하다.
25. 정부는 범죄와의 戰爭을 선포했다.
26. 국회에서 案件이 통과되었다.
27. 직원들의 結束을 다지기 위해 야유회를 갖다.
28. 주말에 아버지께서 洗車를 하셨다.
29. 대한민국의 首都는 서울이다.
30. 태조는 명나라에 便臣을 보냈다.
31. 헤어진다는 사실이 實感 나지 않는다.

42. 貝
43. 爲
44. 位
45. 再
46. 吉
47. 首
48. 原
49. 件
50. 去
51. 曲
52. 億
53. 貯
54. 島
55. 雄
56. 思
57. 沿
58. 魚

[問 59~73] 다음 밑줄 친 漢字語를 漢字로 쓰세요.

59. 수목이 매우 울창합니다.
60. 부산은 수산물 시장이 유명하다.
61. 우리는 백의민족입니다.
62. 그의 부인은 미인으로 소문났다.
63. 친구가 수술을 마치고 병실에 누워 있습니다.
64. 돈이 모이면 은행에 가서 저축을 합니다.
65. 봄을 맞아 우리 집 정원에도 꽃이 활짝 피었다.
66. 부모님께 효도를 해야 한다.
67. 실례를 무릅쓰고 신세 좀 지겠습니다.

③

81. (　) ↔ 冷

[問 82~85] 다음 (　)에 들어갈 漢字를 〈例〉에서 찾아 넣어 四字成語를 완성하세요.

〈例〉
① 鼻　② 比　③ 西　④ 東
⑤ 變　⑥ 改　⑦ 讀　⑧ 長

82. 馬耳(　)風
83. 億萬(　)者
84. 耳目口(　)
85. 天災地(　)

[問 86~88] 다음 漢字와 뜻이 같거나 비슷한 漢字를 〈例〉에서 찾아 그 번호를 쓰세요.

〈例〉
① 門　② 見　③ 考
④ 屋　⑤ 長　⑥ 童

86. 思　87. 兒　88. 示

[問 98~100] 다음 漢字의 진하게 표시한 획은 몇 번째 쓰는지 〈例〉에서 찾아 그 번호를 쓰세요.

〈例〉
① 첫 번째　② 두 번째
③ 세 번째　④ 네 번째
⑤ 다섯 번째　⑥ 여섯 번째
⑦ 일곱 번째　⑧ 여덟 번째
⑨ 아홉 번째　⑩ 열 번째

98. 兄　99. 以

100. 永

40. 改　　　41. 牛

42. 院　　　43. 爭

44. 耳　　　45. 落

46. 災　　　47. 願

48. 赤　　　49. 兒

50. 雨　　　51. 都

52. 因　　　53. 示

54. 馬　　　55. 曜

56. 敬　　　57. 熱

58. 壇

[問 59~73] 다음 밑줄 친 漢字語를 漢字로 쓰세요.

59. 조국의 운명이 우리에게 달려 있다.

60. 지구에는 많은 생물들이 있다.

61. 자연을 보호해야 한다.

62. 좁은 통로를 이용하여 빠져나갔다.

63. 4번 타자가 장외 홈런을 쳤다.

64. 모든 사람들 앞에서 명백히 밝혀야 한다.

65. 세계는 점점 경계가 없어지고 있다.

⑤

12. 장거 所信을 하는 것도 답지 않다.

13. 級友와 써우지 말고 친하게 지내라.

14. 지도에는 축척과 方位가 표시되어 있다.

15. 수준 以下의 영화였다.

16. 도시의 再建을 위해 많은 사람들이 노력하였다.

17. 오래된 절이 火災로 불타 흔적조차 남지 않았다.

18. 병원 院長과 의사들이 어려운 사람을 위해 무료로 진료를 해주고 있다.

19. 한 푼 두 푼 모아 은행에 貯金했다.

20. 적이 나타나거는 赤旗를 올린다.

21. 연말이면 음주 운전 團束이 강화된다.

22. 멀리 떨어져 있는 친구에게 葉書를 보냈다.

23. 국제 경기를 앞두고 대표팀이 合宿 훈련에 들어갔다.

24. 法案이 의회를 통과했다.

25. 人魚는 위험에 처한 왕자를 구해 주었다.

26. 漁村에서 태어나고 자랐다.

27. 우리 가례의 念願은 통일이다.

28. 友軍의 도움으로 어려움을 이겨 냈다.

29. 횡성에서 韓牛 축제가 열렸다.

30. 친구와 함께 영어 學院에 다닌다.

81. 長 ↔ (　　)

[問 82~85] 다음 (　　)에 들어갈 漢字를 <例>에서 찾아 넣어 四字成語를 완성하세요.

<例>
① 直　② 水　③ 土　④ 有
⑤ 在　⑥ 成　⑦ 後　⑧ 左

82. 山戰(　)戰　　83. 不問曲(　)

84. 門前(　)市　　85. 人命(　)天

[問 86~88] 다음 漢字와 뜻이 같거나 비슷한 漢字를 <例>에서 찾아 그 번호를 쓰세요.

<例>
① 無　② 爭　③ 頭
④ 記　⑤ 室　⑥ 恭

86. 競　　87. 屋　　88. 首

95. 樂　　96. 來　　97. 會

[問 98~100] 다음 漢字의 진하게 표시한 획은 몇 번째 쓰는지 <例>에서 찾아 그 번호를 쓰세요.

<例>
① 첫 번째　② 두 번째
③ 세 번째　④ 네 번째
⑤ 다섯 번째　⑥ 여섯 번째
⑦ 일곱 번째　⑧ 여덟 번째
⑨ 아홉 번째　⑩ 열 번째

98.

99. 財

100. 容

66. 읍내에서 5일장이 섰다.

67. 감기가 심해져 학교를 쉬었다.

68. 선생님이 배불어 주신 교훈을 늘 가슴 깊이 새기겠습니다.

69. 기차가 출발합니다.

70. 빗속에서는 속도를 줄여야 한다.

71. 그의 연아 표현은 생생하고 실감납니다.

72. 병원에 있는 친구에게 문병을 갔다.

73. 경기가 시작된 후 얼마 지나지 않아 끝나 버렸다.

[問 74~78] 다음 訓과 音에 맞는 漢字를 쓰세요.

```
〈例〉

나라 국 → 國
```

74. 나타낼 현   75. 낮 주   76. 멀 원

77. 믿을 신   78. 급할 급

[問 79~81] 다음 漢字와 뜻이 상대 또는 반대되는 漢字를 쓰세요.

[問 89~91] 다음 漢字와 音은 같은데 뜻이 다른 漢字를 〈例〉에서 찾아 그 번호를 쓰세요.

```
〈例〉

① 安   ② 實   ③ 第
④ 在   ⑤ 成   ⑥ 感
```

89. 案   90. 災   91. 性

92. 功臣   93. 因果   94. 再考

[問 92~94] 다음 漢字語의 뜻을 쓰세요.

[問 95~97] 다음 漢字의 略字(약자: 획수를 줄인 漢字)를 쓰세요.

```
〈例〉

體 → 体
```

5級

100문항
50분 시험

* 5級과 5級Ⅱ는 서로 다른 급수입니다. 반드시 지원 급수를 다시 확인하세요.
(社)韓國語文會 주관 · 韓國漢字能力檢定會 시행
全國漢字能力檢定試驗 問題紙
* 성명과 수험번호를 쓰고 문제지와 답안지는 함께 제출하세요.

성명 (_____), 수험번호 □□□ - □□ - □□□

[問 1~35] 다음 밑줄 친 漢字語의 讀音을 쓰세요.

1. 이 지역은 개발 제한 구역으로 告示되었다.

2. 쉽고 편리한 방법을 考案했다.

3. 동해 漁場에는 명태, 오징어, 꽁치 등이 잡힌다.

4. 熱心히 노력한 만큼 결과가 좋을 것이다.

5. 그 신비는 識見이 높은 분이다.

6. 할머니는 屋上에서 채소를 기르신다.

7. 하던 일을 完結하니 마음이 편해졌다.

8. 지나친 日光浴은 건강에 해롭다.

9. 이 지역에는 많은 牛馬를 기르고 있다.

10. 아버지는 商業에 종사하고 계신다.

11. 그는 나와 둘도 없는 親舊이다.

---

31. 아이들은 장차 나라를 이끌어 갈 材木이다.

32. 우리나라 대통령의 任期는 5년이다.

33. 目的을 달성하기 위해 노력해야 한다.

34. 과거 농촌의 모습을 再現한 마을에 관광객이 몰렸다.

35. 안중근은 민족의 英雄으로 칭송받는다.

[問 36~58] 다음 漢字의 訓과 音을 쓰세요.

<例>
字 → 글자 자

36. 朗   37. 漁

38. 過   39. 들

68. 국민 체육 대회가 열렸습니다.

69. 밭에서 농부가 땀을 흘리며 일을 하고 있다.

70. 정치가 좋아 관광지로 개발되었다.

71. 담임 선생님은 훈령이 신생님이라는 별명으로 불렸습니다.

72. 태양이 떠올라 어둠이 걷혔다.

73. 그녀는 온실의 화초처럼 자랐다.

[問 74~78] 다음 訓과 音에 맞는 漢字를 쓰세요.

<例>
나라 국 → 國

74. 낯 면   75. 쌀 미
76. 자리 석   77. 눈 설
78. 있을 재

[問 79~81] 다음 漢字와 뜻이 상대 또는 반대되는 漢字를 쓰세요.

[問 89~91] 다음 漢字와 音은 같은데 뜻이 다른 漢字를 <例>에서 찾아 그 번호를 쓰세요.

<例>
① 材   ② 曜   ③ 哲
④ 仕   ⑤ 偉   ⑥ 術

89. 要   90. 位   91. 才

[問 92~94] 다음 漢字語의 뜻을 쓰세요.

92. 所以   93. 屋上   94. 實名

[問 95~97] 다음 漢字의 略字(약자:획수를 줄인 漢字)를 쓰세요.

<例>
體 → 体

95. 戰   96. 氣   97. 讀

5級

100문항
50분 시험

※5級과 5級Ⅱ는 서로 다른 급수입니다. 반드시 지원 급수를 다시 확인하세요.

(社)韓國語文會 주관·韓國漢字能力檢定會 시행
全國漢字能力試驗 問題紙

※ 성명과 수험번호를 쓰고 문제지와 답안지는 함께 제출하세요.

성명 (   ), 수험번호 □□□ - □□ - □□□

[問 1~35] 다음 밑줄 친 漢字語의 讀音을 쓰세요.

1. 그는 健實한 청년이다.

2. 시장을 차지하기 위해 업체들의 競爭이 치열하다.

3. 그 문제를 한 번 더 再考해 주십시오.

4. 신선이 나무꾼의 所願을 들어주었다.

5. 가을이 되니 落葉이 떨어진다.

6. 새벽부터 漁船들이 조업을 하고 있다.

7. 노인들을 위한 養老 시설이 필요하다.

8. 군인 정신에 대한 소대장의 訓示가 있겠습니다.

9. 위험을 알리는 赤色 깃발이 나부꼈다.

10. 이곳 바다에는 많은 魚類가 나타난다.

11. 선거 熱氣가 뜨겁게 달아올랐다.

32. 答案을 작성하여 제출했다.

33. 이번 올림픽에 대표로 選手로 뽑혔다.

34. 배 위에서 漁夫가 그물을 끌어올리고 있다.

35. 여름은 兩期라서 비가 많이 내린다.

[問 36~58] 다음 漢字의 訓과 音을 쓰세요.

〈例〉

字 → 글자 자

36. 案

37. 流

38. 舊

39. 葉

40. 完

41. 序

[問 62~65] 다음 ( ) 안에 각각 알맞은 漢字를
〈例〉에서 찾아 넣어 四字成語를 완성하세요.

〈例〉			
① 石	② 立	③ 信	④ 萬
⑤ 遠	⑥ 近	⑦ 同	⑧ 間

62. 交友以( )   63. 電光( )火

64. 草綠( )色   65. 不( )千里

[問 66~68] 다음 ( ) 안에 각각 訓(뜻)이 같은 漢字를
〈例〉에서 찾아 넣어 단어가 되게 하세요.

〈例〉		
① 果	② 育	③ 教
④ 年	⑤ 木	⑥ 章

66. 養( )   67. ( )實

68. ( )米

[問 78~97] 다음 글의 밑줄 친 단어를 漢字로 쓰세요.

78. 이 책은 동심의 세계를 느끼게 해 줍니다.

79. 노인을 공경해야 합니다.

80. 다른 사람을 이해하기 위해서는 대화가 필요합니다.

81. 창문 밖으로 하얀 눈이 내리고 있습니다.

82. 이 지역은 곡물이 발달했습니다.

83. 손님에게 음식을 대접했습니다.

84. 우리나라는 산천이 매우 아름답습니다.

85. 가을은 독서의 계절입니다.

86. 그는 대통령의 시정을 충고했습니다.

87. 강원 지방에 내린 국지성 호우가 발령되었다.

88. 이번 일로 회사의 신용이 땅에 떨어졌습니다.

89. 형제끼리 사이가 좋습니다.

90. 사람은 정직해야 합니다.

91. 수족이 매우 차다.

92. 날마다 일기를 쓰는 습관을 들여야 합니다.

93. 유명 사업가들은 성공의 비결을 가지고 있습니다.

94. 오늘 힘껏 박수를 쌓았습니다.

95. 내일부터 겨울 방학에 들어갑니다.

제1회 모의 한자능력검정시험

5級 Ⅱ

100문항
50분 시험

* 5級과 5級Ⅱ는 서로 다른 급수입니다. 반드시 지원 급수를 다시 확인하세요.
(社)韓國語文會 주관 · 韓國漢字能力檢定會 시행
全國漢字能力試驗 問題紙

* 성명과 수험번호를 쓰고 문제지와 답안지는 함께 제출하세요.

성명 (_____), 수험번호 □□□ - □□ - □□□□

[問 1~35] 다음 밑줄 친 漢字語의 讀音을 쓰세요.

1. 저 사람은 세계를 무대로 활약하는 商人입니다.

2. 이 보수를 約分하시오.

3. 그는 충직한 臣下입니다.

4. 어른은 兒童을 보호해야 할 의무가 있습니다.

5. 그와 宿命의 대결을 펼쳤습니다.

6. 順理에 맞게 일을 처리했습니다.

7. 영국이나 일본에는 首相이 있습니다.

8. 그는 고아를 養子로 삼았습니다.

9. 그 일에 대해 아무런 說明도 듣지 못했다.

10. 그는 天性이 매우 순박합니다.

11. 오랜 歲月이 지났습니다.

32. 그는 화술이 뛰어난 說客입니다.

33. 심청이는 지극한 정성으로 아버지를 奉養했습니다.

34. 그가 쓴 화살이 과녁에 的中했습니다.

35. 양국 국가 元首의 정상 회담이 열렸습니다.

[問 36~58] 다음 漢字의 訓과 音을 쓰세요.

<例>
字 → 글자 자

한자능력검정시험 대비

5급·5급Ⅱ
③과정

모의 한자능력검정시험